从绿色建筑到绿色城市

江苏省建筑节能专项引导资金示范项目案例集

江苏省住房和城乡建设厅　编著

中国建筑工业出版社

图书在版编目（CIP）数据

拾年·十年：从绿色建筑到绿色城市 / 江苏省建筑节
能专项引导资金示范项目案例集 / 江苏省住房和城乡建
设厅编著 . — 北京：中国建筑工业出版社，2019.4
ISBN 978-7-112-23538-4

Ⅰ.①拾… Ⅱ.①江… Ⅲ.①生态城市 — 城市建
设 — 案例 — 汇编 — 江苏 Ⅳ.① X321.253

中国版本图书馆 CIP 数据核字（2019）第 057193 号

《拾年·十年 从绿色建筑到绿色城市——江苏省建筑节能专项引导资金示
范项目案例集》对十年来建筑节能专项引导资金示范项目中的不同类型的典型优
秀案例进行遴选、梳理、凝练并汇集成册，以期从理念、技术、政策、机制等方
面入手，综合展示其先行先试的经验和模式，以及取得的初步成效。本书以绿色
住宅（住区）、绿色校园、绿色医院、绿色办公建筑、绿色大型公共建筑、绿色
商业建筑、绿色工业建筑、绿色农房、绿色更新改造、绿色生态城区、绿色城
市、绿色共识的脉络梳理呈现，共12个方面50个案例。

责任编辑：宋　凯　张智芊
责任校对：王　烨

拾年·十年

（2008—2018）

从绿色建筑到绿色城市——江苏省建筑节能专项引导资金示范项目案例集
江苏省住房和城乡建设厅　编著

*

中国建筑工业出版社出版、发行（北京海淀三里河路 9 号）

各地新华书店、建筑书店经销

北京点击世代文化传媒有限公司制版

北京富诚彩色印刷有限公司印刷

*

开本：787×1092 毫米　1/16　印张：11¼　字数：256 千字

2019 年 8 月第一版　2019 年 8 月第一次印刷

定价：98.00 元

ISBN 978-7-112-23538-4

（33829）

拾年·十年
从绿色建筑到绿色城市的江苏之路

　　江苏，自古便是理想人居地的代表，这方土地，孕育了多姿多彩的自然与人文，体现着人与自然的和谐追求。今天的江苏，既是我国经济社会的先发地区，同时也是人口、资源和环境压力最大的省份之一。在城镇化快速推进过程中，江苏每年新增建筑约 1.5 亿 m^2，占全国 10% 左右。如何在理想人居天堂的历史本底上延续当代的建设，续写人与自然和谐共生、共享的当代篇章，让今天的建设成为未来可持续发展的美好底图，是我们更新理念、转变方式、创新实践、不断探索的初心和动力。

　　党的十九大报告将"坚持人与自然和谐共生"作为新时代中国特色社会主义思想和基本方略，提出要"坚持人与自然和谐共生，形成绿色发展方式和生活方式，坚定走生产发展、生活富裕、生态良好的文明发展道路"。国家生态文明和绿色发展的要求，以及江苏的省情特点，都要求江苏必须率先探索绿色发展道路。

　　我们认识到，探索前行的发展路上，既需要长远的愿景，以凝聚社会共识，久久为功；更需要务实的行动，推动现实的逐步改善。2008年以来，围绕转型发展和可持续人居家园的目标，江苏抓住快速城镇化时期大量建设的机会，聚焦推动建筑节能和绿色建筑发展。2009年，我们将"资源节约、环境友好、生态宜居"的理念从建筑节能拓展到城乡规划建设的全领域，在全国率先提出"节约型城乡建设"理念，组织开展系列专题研究，加快工作推动和示范引领，努力推动城乡建设向绿色、低碳、生态发展方向转变；2010年，在更深远的层面研究和思考绿色生态城市的规划建设问题，编写了《低碳时代的生态城市规划与建设》，并以财政专项资金引导地方综合运用多元举措，在更广的领域推动绿色建筑在区域和城市层面的综合实践，建设绿色建筑示范区和示范城市。

回顾十年，我们深切感受到，绿色建筑的推进和发展是一项集技术性、实践性、创新性于一体的工作，需要通过示范引领，先行先试，以点带面实现全面推广应用和深入发展。自 2008 年起，江苏省财政厅、住房和城乡建设厅共同设立了建筑节能专项引导资金，率全国之先，对绿色建筑、绿色生态城区、绿色建筑示范城市、可再生能源建筑一体化应用、既有建筑绿色节能改造、合同能源管理以及超低能耗被动式建筑等示范项目给予财政经费支持。通过省级财政资金的引导，有效地撬动了各地因地制宜、因城施策，推动建筑节能、绿色建筑和绿色城区的探索与实践。2008 年专项资金设立以来，全省累计确立了各类专项引导资金项目 831 项，累计安排财政资金约 21.8 亿元（平均约 2 亿元 / 年），示范建筑总面积超 1.5 亿 m^2。通过各地积极实践，全省产生了一大批示范项目和区域综合示范项目，对提升城乡建设绿色发展水平、推动地方创新实践发挥了积极作用。

2008—2018 年，江苏已建立 74 个省级绿色建筑示范城区，实现苏南、苏中、苏北所有设区市的全覆盖并向县级市拓展，规划面积约 12000km^2；全省累计绿色建筑标识项目面积达 2.88 亿 m^2；节能建筑总规模达 19.5 亿 m^2，占全省城镇民用建筑的 59.4%，保持全国领先水平。江苏获得的全国绿色建筑创新奖数量和比例在全国各省区中也位列最高。同时，在绿色能源、绿色交通、固体废物综合利用、水资源综合利用等方面取得了显著成效。

回顾十年，从建筑节能、可再生能源建筑应用、绿色建筑、节约型城乡建设到绿色生态城区实践，从试点示范到全面推进，从行业领域的探索到城市范围的拓展和区域的集成，江苏的绿色发展实践渐次深入，内涵不断完善，内容日益综合，走出了一条从理念到实践、不断探索创新的发展之路。而推动绿色发展，也日益成为行业和社会的共识。

  《拾年·十年　从绿色建筑到绿色城市——江苏省建筑节能专项引导资金示范项目案例集》对十年来专项引导资金示范项目中的不同类型的典型优秀案例进行遴选、梳理、凝练并汇集成册，以期从理念、技术、政策、机制等方面入手，综合展示其先行先试的经验，以及取得的初步成效。本书以绿色住宅（住区）、绿色校园、绿色医院、绿色办公建筑、绿色大型公共建筑、绿色商业建筑、绿色工业建筑、绿色农房、绿色更新改造、绿色生态城区、绿色城市、绿色共识的脉络梳理呈现，共 12 个方面 50 个案例。这些不同功能、类型的绿色建筑，以及从绿色建筑拓展的区域集成或更广义的绿色、节约、生态的多领域实践，涵盖了与人的衣食住行密切相关的各类生活、生产、工作、休闲的不同功能空间，包括新建绿色建筑和既有建筑更新改造，以及向乡村的延伸实践……，每一个案例分别从创新点、案例简介、示范意义三个方面进行提炼总结。每一个案例都是各地生动鲜活的绿色实践的粒粒珍珠，熠熠生辉。我们将其捡拾起来，尝试串珠成链，希望以丰富、全面、立体的视角呈现，以期放大示范的引领作用，以点带面，推动绿色建筑发展实践的升级。也希望江苏案例作为全国的鲜活实践，能够和全国的同行分享交流。

  "时间新故相推一往无前，奋斗接续发力永不止步。"在践行生态文明、推动绿色发展的路上，我们有幸成为现实改善的参与者、实践者，抑或是推动者、助力者。在 2018 年这个特殊意义的时间点，我们迎来改革开放四十周年，也是江苏绿色建筑示范项目推进十年，我们回顾、总结、梳理已有的实践。"拾"为双关，既是"十年"实践成果的呈现，更取"拾取"整理之意，"拾年"也即回顾往昔，拾贝，拾遗，拾忆。梳理过往是为了更好的再出发，前行的征途上，一个个重要的时间节点，正是我们前行的坐标。未来，我们将拾级而上，继续前行，践行绿色发展理念，践行高质量发展目标，建设美好宜居新家园。

01
绿色住宅（住区）

02
绿色校园

03
绿色医院

04
绿色办公建筑

05
绿色大型公共建筑

06
绿色商业建筑

07
绿色工业建筑

08
绿色农房

09
绿色更新改造

10
绿色生态城区

11
绿色城市

12
绿色共识

目录 Contents

04 绿色办公建筑

05 绿色大型公共建筑

06 绿色商业建筑

07 绿色工业建筑

08 绿色农房

09 绿色更新改造

10 绿色生态城区

11 绿色城市

12 绿色共识

后记

拾年十年
2008-2018

从 绿 色 建 筑 到 绿 色 城 市

From Green Building
to Green City

01

绿色住宅（住区）

◎ 绿色健康住区：扬州蓝湾国际

◎ 环境宜人的品质住区：南通中洋·高尔夫公寓

◎ 绿色保障房：南京丁家庄二期保障房

绿色健康住区：
扬州蓝湾国际

项目规模： 用地面积 9.0 万 m²　　**建设时间：** 2014—2017 年
建筑面积 26.8 万 m²　　**建设单位：** 恒通建设集团有限公司
建筑高度 53.4m　　　　**设计单位：** 江苏筑森建筑设计股份有限公司
　　　　　　　　　　　施工单位： 扬州裕元建设有限公司

■ 案例创新点

扬州蓝湾国际顺应扬州"江南水乡"的城市特征，融合了古典园林美学与现代居住需求，依据基地特征布置了景观多样化的居住组团，为居民创造出和谐而有意趣的生活休闲空间；遵循"绿色住区，以人为本"理念，结合不同客户群体需求和地方气候特征，合理进行户型多样化设计和住宅节能设计，营造了人性化而舒适的室内环境；采用多项适宜的绿色建筑技术措施，建立高效的住宅物业管理体系，打造了一个高水平的绿色健康住区。

■ 案例简介

· 情景交融，健康和谐的绿色住区

蓝湾国际运用堆山、理水、养湖、围园、造景等设计手法，塑造整体性和艺术感俱佳的景观环境。规划中注重地形景观和建筑的有机结合，社区物业中心结合中心景观布局，各居

住区鸟瞰

住区景观水系

住组团结合地形布局，统一的建筑风格和个性化的宅间景观和谐共融。重视健康和谐邻里关系的塑造，室外安排了露天茶座、羽毛球场、运动步道、儿童娱乐区、老人活动场地、室外广场等多处公共活动和交流聚会场所。会所设有健身房、温水游泳馆、图书室、舞蹈音乐室等供居民使用。

·以人为本，舒适宜居的现代住区

蓝湾国际以"绿色住区，以人为本"为基本理念，采用人车分流体系，所有车辆全部停放地下，创造了安全便利的住区交通环境。住宅外围护结构集成外墙砂加气自保温混凝土砌块、断桥隔热铝合金型材及三玻中空 LOW-E 玻璃门窗、活动外遮阳卷帘等系统和产品，具备高效的保温隔热功能，过渡季室内环境舒适度高。空调采暖系统选用高效土壤源热泵，满足建筑空调需求的同时还可提供生活热水，室内冬天用地板辐射供暖，夏天用风机盘管供冷，结合全热交换新风系统，大大提升居住环境的舒适度。

节水喷灌

良好的自然采光　　　　　　　　　　　外遮阳效果

·宣传激励，节约高效的物管体系

物业管理公司针对项目应用的先进理念和技术，制定了详细的物业管理制度。其中节能节水激励措施规定，当运行能耗较前一年降低 5% 以上时，拿出当年节约运营费用的 50% 奖励物业运营团队，充分调动团队的节能意识与积极性。定期组织住区内设施设备运行状态检查，保障设备正常高效运行。以雨水收集系统为例，通过专业人员的科学管理，非传统水源利用率达到了 18.3%，每年节水约 9900t。通过海报、宣传栏告示等形式对居民进行绿色低碳理念的宣传，引导居民采用绿色生活方式。

■ 示范意义

蓝湾国际采用高性能围护结构、高效地源热泵机组、地下室全通透以及雨水回收利用等绿色设备与技术，大幅度降低了住宅运营和使用成本。经统计，项目每年可节约电量约 183.18 万 kW·h，折合标煤约 604.40t，年均节水约 9900t。项目以显著的绿色节能效益，获得"建筑能效测评三星级标识""三星级绿色建筑标识"，获"江苏省可再生能源示范项目"等荣誉。

组团宅间绿地

住区主入口

石桥趣影

案例撰写：李湘琳、李晓金 / **材料提供：**李晓金

住区全景

环境宜人的品质住区：
南通中洋·高尔夫公寓

项目规模：用地面积 5.0 万 m²   **建设时间：**2010—2013 年
建筑面积 28.2 万 m²   **建设单位：**江苏中洲置业有限公司
建筑高度 99.9m   **设计单位：**华东建筑设计研究院有限公司
                                             施工单位：江苏江中集团有限公司

■ 案例创新点

　　南通中洋·高尔夫公寓以"绿色建筑、百年建筑"为实施目标，遵循低影响开发理念，通过精心的规划设计实现了居民均等共享的景观环境，通过提高建设标准实现了兼具安全性、耐久性和可持续性的示范成果，通过采用高效节能系统营造了舒适节能的室内环境。以项目为依托，中洋集团技术团队自主创新和集成创新了一批节能技术，多项产品工艺获发明专利授权。项目获三星级绿色建筑运行标识和 3A 级住宅性能认定，获得"全国绿色建筑创新奖二等奖""鲁班奖""国家广厦奖""江苏省绿色建筑示范工程"等荣誉。

■ 案例简介

　　·充分考虑环境均好性，打造特色景观

　　小区总体规划充分考虑环境的均好性，采取半围合式规整布局，两排住宅楼之间楼间距达 125m，形成了超大绿地景观场地，通过设计球场、设置大面积绿地水系、整合景观要素，营造了丰富而优美的住区环境。景观规划大胆创新，设计了微型高尔夫球场，通过定时对业主开放，提升住区健康品质；遵循低影响开发理念，设置了大面积绿地和生态水系，降低城市热岛效应，也为雨水积蓄入渗和处理利用提供了良好的载体，项目非传统水源利用率达到9.08%；充分整合自然和人工景观要素，将草坪、果岭、花园、古树名木、生态水系、景观桥、广场有机融合进景观环境，创造了充满活力、特色鲜明的运动休闲场所。

阳台平板式太阳能热水系统　　　　　外墙保温做法　　　　　住区智能枢纽管理中心

· 汲取百年住宅理念，外围护结构安全耐久

项目充分汲取百年住宅建设理念，通过提高抗震标准、节能标准、耐久性指标和技术水平，大幅提高建筑的安全性、耐久性和品质可持续性。项目通过提高钢筋强度和混凝土标号的方法增强基础和主体结构性能，确保安全性和可靠性；建筑外墙不用砖块，全部采用混凝土浇筑成型，从根本上解决外墙裂缝和渗漏问题，全面提高了外围护结构的牢固性和耐久性；项目采取土建装修一体化设计和施工，高标准制定装修方案，批量装修，尽量使用装配式构件和设施，确保建筑品质和可持续性。

· 兼顾舒适和节能需求，营造良好室内环境

项目将户式中央空调和新风全过程热交换机组两种系统有机地结合，有效地平衡了提升室内舒适度与节能之间的矛盾。中央空调新风系统采用直流变频、超静音的空调机组，空调系统的排风与新风系统的进风进行热量交换，不仅运行能耗低，而且可通过空气过滤网阻断灰尘，保持室内空气清新，提高空气品质；新风全过程热交换机组的热（冷）量回收效率近70%，大幅降低了暖通空调系统的能耗。

■ 示范意义

经实测，公寓住宅楼全年能耗为 20.32kW·h/m²，远低于国家标准。项目通过采用节能的暖通空调系统、太阳能热水系统、地下室采光通风井、节水措施，每年可节约水电费用约580 万元，经济效益显著。项目获"三星级绿色建筑标识"，被认定为"3A 级住宅"，获得"全国绿色建筑创新奖"二等奖、"鲁班奖""广厦奖"和"江苏省绿色建筑示范工程"等荣誉。

宅间绿地景观

案例撰写：李湘琳、于道全　/　**材料提供：**于道全

绿色保障房：
南京丁家庄二期保障房

项目规模： 项目总用地面积 58 万 m²
建筑面积 167 万 m²
建筑高度 90.0m

实施时间： 2014—2018 年

建设单位： 南京安居保障房建设发展公司

设计单位： 南京城镇建筑设计咨询有限公司
南京鼎辰建筑设计有限责任公司
东南大学建筑设计研究院有限公司
南京长江都市建筑设计股份有限公司

施工单位： 中国建筑第二工程局有限公司

施工单位： 上海嘉实（集团）有限公司

■ 案例创新点

　　南京丁家庄二期保障房坚持"以人为本、生态宜居、可持续发展"的理念，采用了标准化、模块化和可持续化设计，在建造中融入绿色建筑的理念，采用装配式方式建造，并形成了一套系列化应用的装配式建筑体系。项目中两个地块获得三星级绿色建筑设计标识，其余地块全部获得二星级绿色建筑设计标识。项目作为海绵城市试点片区之一，通过优化道路排水设计、增设透水砖铺装、雨水花园、植草浅沟、下沉式绿地等海绵设施，在实现低影响开发的同时，保障了良好景观效果。

项目实景

装配结构施工过程

阳台壁挂式太阳能热水系统

透水停车位

■ 案例简介

·融入绿色建筑设计理念

项目采用"小组团、大社区"的开发模式，打造了开放与融合的街坊式社区、无缝换乘的公共交通体系和完善便捷的公共设施网络，提升了居民的幸福感和满意度；通过打造多层次复合生态绿地系统、优质室内空气环境，有效改善了居住环境。项目 A27、A28 地块（8 栋高层，建筑面积 14.67 万 m² ）全部采用阳台壁挂式太阳能热水器，可再生能源利用率达 100%，建筑节能率达到 70% 以上，获得三星级绿色建筑设计标识。采用雨水回用系统，经处理后的雨水用于项目绿化灌溉，非传统水源利用率达 6.14%；建筑的东西南三面设置活动外遮阳，并实现外遮阳与建筑一体化，大大提高了建筑的舒适度；智能化系统设施完善，保障社区居住安全便利。

·集成应用装配式建造

丁家庄二期保障房 A27、A28 地块项目通过标准化、模块化设计，建筑内部空间可以实现多样化组合，以满足不同人群的户型需求。项目设计采用了叠合楼板、预制阳台板及预制楼梯梯段板，内隔墙采用陶粒混凝土板；施工中采用了铝模施工工艺，实现了无外模板、无外脚手架、无砌筑、无粉刷的绿色施工，模板用量以及现场模板支撑及钢筋绑扎的工作量大大减少。此外，项目采用了装配式装修，使用了集成式厨房和整体式卫浴，楼梯、阳台等栏杆采用了成品组装式栏杆，方便维修、更换。项目主体结构预制率达 30% 以上，装配率达 60% 以上，工期缩短约 100 天，施工人员数量减少 30%。

· 试点打造海绵型社区

2017 年 6 月，丁家庄海绵城市试点被列入南京市"城市双修"试点工程。道路排水方案先进，将路面快速排水、雨水采集、沉淀过滤以及植物灌溉系统相结合，实现了雨水的充分渗透，并有效缓解了暴雨来袭时道路积水问题；通过屋顶绿化、透水铺装、下凹式绿地、雨水花园等海绵设施，实现了片区年径流总量控制率大于 80%，综合径流系数小于 0.5，有效地降低城市的热岛效应，改善了住区的微气候环境。

预制阳台板安装

预制楼梯吊装

预制剪力墙加固

公共绿地健身设施

下凹绿地

■ 示范意义

项目以绿色、循环、低碳理念指导保障性住房建设，集成应用了绿色建筑、装配式建筑、海绵城市等技术，提高保障性住房品质。项目的绿色化实践起到示范引领作用。项目通过了住房城乡建设部 AA 级住宅性能认定，获得第八届中国房地产"广厦奖"。

案例撰写：沈志明、朱灿银、赵　帆 **／ 材料提供：**王俊平、曹　静

拾年
年十年
2008-2018

从 绿 色 建 筑 到 绿 色 城 市

From Green Building
to Green City

02

绿色校园

◎ 绿色人才培养基地：常州·江苏城乡建设职业学院

◎ 绿色智慧校园：苏州·中国常熟世联书院

◎ 绿色国际校园：苏州北美国际高级中学

◎ 被动式超低能耗幼儿园：盐城日月星城幼儿园

绿色人才培养基地：
常州·江苏城乡建设职业学院

项目规模：用地面积 46.7 万 m²
建筑面积：28.1 万 m²
建筑高度：31.85m
建设时间：2012—2015 年
建设单位：江苏城乡建设职业学院

设计单位：常州市规划设计院、常州城建校建筑规划设计院
施工单位：常州第一建筑集团有限公司、江苏城东建设工程有限公司、江苏龙海建工集团有限公司、江苏成章建设集团有限公司、常嘉建设集团有限公司、江苏环泰建设有限公司、常州华东装潢有限公司

■ 案例创新点

　　江苏城乡建设职业学院新校区是目前国内唯一通过住房城乡建设部和教育部认证的绿色校园示范项目，以建设全寿命期绿色校园为目标，探索集绿色设计、绿色施工、绿色运营、绿色人文、绿色教育于一体的全寿命期绿色校园建设。项目集成实践了绿色建筑、海绵校园、可再生能源建筑运用等绿色生态技术，形成了完整的规划、设计、运行、管理的方法体系。项目结合行业办学特点，打造"绿色校园大课堂"，设立建筑技术实训基地，构建独特的绿色建筑校园文化。

校园鸟瞰图

■ **案例简介**

· 注重绿色规划布局，文化特色鲜明

学院采用绿色理念，综合考虑当地气候特征系统规划校区布局，通过合理运用自然通风、自然采光，提高校区内建筑的舒适度，并合理利用可再生能源。校园建筑设计采用现代中式风格，合理控制建筑高度和空间尺度距离，与周边环境和谐融合，形成了"粉墙黛瓦、水墨江南"的鲜明地域特征。校园内 24 万多平方米的主要功能建筑都取得了绿色建筑设计标识，其中二星级及以上绿色建筑面积占比达 48%。

· 实践绿色技术体系，节能减排效益显著

学院采用开源和节流两种措施推进校园节能。因地制宜采用光伏发电系统、土壤源热泵中央空调系统、污水源热泵系统，建设区域能源集中供应站，为多栋建筑提供空调、采暖，满足生活热水需求。加强建筑运营管理，通过能耗监管平台加强用能监管，大大减少能源浪费。同时，因地制宜采用光导照明采光、自然通风、屋顶绿化、中水回用等多种技术，构建了校园绿色技术体系。加强建筑运营管理，通过能耗监管平台控制能源资源消耗总量，大大减少能源消耗。据测算，通过多种可再生能源技术应用，学校全年可再生能源替代率达到 50%，可节约标煤约 2335.3t、减排二氧化碳 6118.5t，能源费用支出减少约 240 万元。

校园入口

太阳能光伏一体化

行政楼（设计三星）

·探索海绵校园技术，水资源利用多措并举

学院引入"低影响开发"理念，探索海绵型校园建设，增强雨水就地入渗能力，利用湖泊水体植物对水质进行生物处理，营造了水清、鱼游、景美、岸绿的自然风貌，水体主要指标达到了国家地表三类水标准。敷设透水铺装地面 3.5 万 m^2，实施屋顶绿化 7611m^2，结合景观设计设置微地型和生态河岸，设置雨水花园景观滞流槽 200 余平方米，改造景观水域面积 2.3 万 m^2，雨水收集库容近 4 万 m^2，既有效降低了暴雨给校园造成的洪涝灾害威胁，还可以用收集的雨水浇灌绿化苗木、冲洗道路。

·营造绿色建筑文化，开展绿色理念教育

学院将绿色校园建设内涵从绿色设计、绿色施工、绿色运营拓展到绿色人文和绿色教育，将绿色校园项目建设的落脚点聚焦到具有可持续发展思想的人才培养。成立了"绿色校园运营管理委员会"，构建了"绿色建筑体验""再生能源利用展示""绿色建筑技术展示""绿色交通体验""绿色人文展示"5个版块 30 项绿色文化展示体验系统，建设了绿色校园展示中心、绿色校园建设图片展、绿色建筑宣传栏等宣传平台。在全校范围内开展"绿在城建"主题教育活动，让全体师生在校园里体验绿色、感悟绿色，积极倡导师生树立绿色观念、践行绿色行为。结合行业转型升级对绿色建筑人才的需求，在全国教育系统率先开设《绿色建筑概论》《绿色建筑施工管理》《海绵城市建设》等绿色校园相关的可持续发展教育的公共课程。

■ 示范意义

学院将工程建设和建设行业绿色人才培养相结合，充分挖掘绿色校园设施资源，使绿色建筑和绿色基础设施成为教学资源，开设了相关课程、专业，设立实训中心，构建了包含绿色建筑、绿色教育、绿色实践、绿色科技四方面的绿色校园文化。学院建成以来先后荣获"住房和城乡建设部科学技术项目""江苏省绿色建筑创新奖一等奖""江苏省人居环境范例奖""中国建筑学会建筑科普教育基地""江苏省科普教育基地"等荣获称号。

建筑信息与能耗监控综合管理平台

光导管系统

地源热泵系统

图书馆（设计二星）

研发楼（设计三星）

教学楼（设计一星）

案例撰写：丁　杰、梁月清　/　**材料提供：**梁月清

绿色智慧校园：
苏州·中国常熟世联书院

项目规模：用地面积 4.2 万 m²	**建设单位：**常熟市昆承湖开发建设有限公司
建筑面积 6.3 万 m²	**设计单位：**启迪设计集团股份有限公司
建筑高度 23.5m	**施工单位：**江苏金土木建设集团有限公司
建设时间：2014—2015 年	苏州华亭建设工程有限公司

■ 案例创新点

中国常熟世联书院是世界联合学院第 15 所分院，也是中国大陆唯一的分院，学校秉承绿色校园发展理念，将绿色理念融入设计，绿色产品投入运营，绿色宣传纳入教育，努力实现建筑全寿命期内的"四节一环保"，校园整体按照绿色建筑二星级及以上标准设计建设，充分利用本地气象条件及周边地理环境等资源优势，因地制宜地采用了太阳能、水源热泵等20 多项绿色节能措施，并在设计、施工和运营过程中运用 BIM 技术建立了高效的运营管理体系。校园内设置了绿色建筑宣传展示平台，进一步宣传了绿色校园理念与实践。

■ 案例简介

·绿色理念丰富校园文化内涵

校园采用粉墙黛瓦的传统中式建筑元素，充分彰显中国分校的地域文化特色。项目在保持世界联合学院"通过教育创造相互理解、更加和平和可持续发展的世界"发展理念的基础上，将绿色、生态、环保、节能的理念融入校园建设，学校体育中心获得了三星级绿色建筑设计标识，其他建筑获得了二星级绿色建筑设计标识。项目以绿色教育为载体，通过设置绿色建筑宣传展示平台，举办绿色能源讲座、参观绿色产业基地、开展环保社会实践等活动，将绿色可持续发展理念渗透到教育教学和人才培养过程。

鸟瞰图

建筑外观

· 绿色技术营造校园舒适环境

项目以建设绿色校园为目标，将绿色、生态、智慧的理念融入校园建设的每一个细节。在培训中心、篮球馆、大礼堂等建筑上空采用屋顶天窗设计，改善光环境而不引入过多太阳辐射；采用自动遮阳卷帘，有效改善室内眩光舒适度。室内采用空气质量监控系统，根据 CO_2 浓度监测情况进行新风量自动调节。在部分办公室、会议室设置人体感应器，根据人员进出情况控制空调启停；设置外窗磁感应器，根据窗户开闭状态自动调控空调温度。以培训中心为例，常年保持夏季温度 25~26.5℃、冬季温度 18~23.5℃，室内 CO_2 浓度 500~600PPM，照度 200~300Lux，在保证舒适教学环境的同时节约能源。

· 可再生能源应用节约运行成本

项目紧邻昆承湖，因地制宜地设计采用了 4 台螺杆式湖水源热泵机组，提供整个校园全部冷热负荷；同时在体育中心建筑屋顶南侧设置了 53.25kW 太阳能电池板，在戏曲中心建筑屋顶南侧设置了 50m² 太阳能集热板，有效地降低了校园能耗费用及运行成本。根据统计，校园运行后太阳能光伏发电量约 5.91 万 kW·h，占总用电量 1.43%；太阳能热水器全年可提供热水约 778m³，占总热水用量 4.94%。

屋顶绿化

建筑外遮阳

体育馆（三星级）自然采光

· 信息技术提升智慧管理水平

项目全过程应用 BIM 技术，在设计阶段利用 BIM 模型优化解决各专业机电管线位置冲突和标高"打架"问题，实现管线精确定位；在施工阶段利用 BIM 模型进行设计交底，向施工单位提供带标高的机电管综合蓝图，极大提高了施工效率；在运营阶段设置建筑设备管理系统（BAS），对空调系统、给排水系统、公共区域照明系统、送排风系统等进行智能化监控，并与 BIM 应用相结合，更直观方便地进行管理，从而将建筑物的运行维护提升到智慧建筑的全新高度。

■ 示范意义

随着绿色发展理念不断深入人心，以可持续发展理念为指导，融合环境教育和关注建筑室内外环境质量的绿色建筑必将成为学校建筑发展的新趋势。本项目为面向世界招生的国际学校，项目因地制宜采用多项绿色建筑技术，不仅实现项目后期的节能高效运营，打造低碳绿色校园，同时通过项目的成果展示功能及教育培训将绿色建筑理念传递给青少年，从小培养其对节能、低碳、环境保护的认识和行为。

湖水源热泵

光伏发电

可调节外遮阳卷帘

太阳能热水系统

案例撰写：赵 帆 / **材料提供：**陆 琳

鸟瞰图

绿色国际校园：
苏州北美国际高级中学

项目规模： 用地面积 5.3 万 m²　　　　**建设单位：** 苏州茂景教育投资发展有限公司
　　　　　　建筑面积 5.9 万 m²　　　　　**设计单位：** 中国建筑技术集团有限公司
　　　　　　建筑高度 24.9m　　　　　　　**施工单位：** 苏州市吴中建设有限公司
建设时间： 2015—2016 年

■ 案例创新点

　　苏州北美国际高级中学是省内第一所中美合作创办的国际高中，通过采用集中式大体量的建筑形式将教室和公共空间串联，采用灵活多变的空间布局设计，体现了现代学校以沟通和交流为重点的教育方法。学校注重绿色生态与节能，在规划设计中融入绿色建筑理念，选用了地源热泵、光导管、雨水回用系统等多种适宜绿色建筑技术，让学生在学习生活中感受到绿色建筑技术带来的舒适、高效和便捷。

■ 案例简介

·源头绿色，因地制宜进行总体规划布局

　　苏州北美国际高级中学立项时就确定了按照国家绿色建筑二星级设计和运行标准以及《苏州太湖新城吴中片区生态与智慧城市设计导则》进行规划设计，规划方案因地制宜利用城市景观，将城市绿地和水系通过视线延伸和对景方式引入基地，营造了良好的景观视野。学校包括教学、运动、生活三大功能分区，各区之间道路畅通，联系方便且互不干扰，使得人流得到合理的组织和疏散，同时便于后期独立管理和运营。建筑布局、体形、朝向、楼距的设计合理，保障良好的自然采光和通风；对室外风环境、室内自然通风、室内采光进行模拟分析，全方位优化建筑室内外环境。校园景观绿化选择适宜苏州气候和土壤条件的植被，配合建筑风格营造大地景观，形成特色鲜明、富有层次的绿化景观体系。

·特色空间，以人为本灵活多变

苏州北美国际高级中学在设计时充分考虑了空间组织的连续性、交流空间的开放性和空间布局的灵活性。教学楼、体育馆、餐厅之间用连廊连接，使每栋建筑的交通流线能互相衔接形成一个完整的交通体系，保证学生在各种天气条件下可以经由室内通道到达各个建筑。南北两栋教学楼中间采用大尺度的中庭空间作为联系，各种尺度的交流空间以不同形态排列在中庭的主要流线及两侧，将传统严谨的教学空间序列转换成了充满开放性、社交性和流动性的功能组合，增加了学生的交流机会和学习乐趣。平面布置灵活可变，很多空间都具备多重功能属性，艺术教室可能变成排练教室，入口大厅也可能变成举办展览的场所，以满足丰富多彩的教学任务需求。

·绿色节能，选用适宜性强的绿色技术措施

苏州北美国际高级中学通过合理设计建筑围护结构，节能率达到65%，保证了建筑物良好的热工性能，有效降低了建筑能耗。空调和采暖采用了地源热泵系统和空气源热泵系统，同时满足学校生活热水需求；空调系统可根据空调负荷变化及气象条件进行自动控制减少运行能耗，单机制冷COP最高可达5.44。照明系统全部采用LED灯和节能灯，并采取分区控制、定时控制、照度调节等节能控制措施；篮球馆全部采用导光管采光系统，不仅很好地平衡了场馆的照明效果，还实现了篮球馆"零"能耗运行。项目设置了雨水回用系统，每年可收集雨水量2万 m^3，用于绿化灌溉、道路清洗及车辆冲洗为4388m^3，非传统水源利用率达4.88%。

■ **示范意义**

苏州北美国际高级中学充分考虑教育建筑用能特点，在"绿色创新、以人为本"的理念指导下，合理利用自然采光、自然通风、地源热泵、雨水回用系统等绿色建筑技术，不仅让校园的室内外环境得到了改善，提高了学生、教师学习工作的舒适度，同时也缓解了资源紧缺的压力，为可持续发展贡献了力量。

校园全景

体育馆光导照明效果

教学楼室内自然采光

建筑外遮阳

透水铺装

屋顶天窗自然采光

案例撰写： 赵　帆、金建锋、穆卫英　/　**材料提供：** 王　浩、束政君

被动式超低能耗幼儿园：
盐城日月星城幼儿园

项目规模：占地面积 0.07 万 m²　　建设时间：2015—2017 年
　　　　　总建筑面积 0.15 万 m²　　建设单位：盐城通达置业有限公司
　　　　　建筑高度 8.7m　　　　　　设计单位：辽宁省建筑标准研究设计院
　　　　　　　　　　　　　　　　　　施工单位：江苏中枢建设集团有限公司

■ 案例创新点

盐城日月星城幼儿园是国内夏热冬冷地区第一个幼儿园类超低能耗被动式建筑示范项目，该项目充分考量当地的气候条件及生活用能习惯，在用能极低的情况下，为小朋友提供安全舒适的室内环境。

■ 案例简介

· 安全防火的外保温系统

建筑外墙采用 A 级防火岩棉外保温系统，在保证建筑外墙保温性能的同时，保证了墙体的防火安全性。严格按照德国标准工艺进行施工铺装，并配备窗口连接线条、护角线条、预压防水密封带等系统配件，提高了外保温系统保温、防水和柔性联结的能力，墙体传热系数达到 0.18W/（m·K）。

鸟瞰图

幼儿园入口

· 无热桥设计门窗系统

外门窗采用高效保温铝包木窗，整窗传热系数为 0.9W/（m·k），整窗无热桥构造安装，窗框与外墙连接处采用室内侧防水隔汽膜和室外侧防水透气膜组成的密封系统。应用了门窗连接线和成品滴水线条作为防水，窗台设计了金属窗台板，窗台板为滴水线造型，既保护保温层不受紫外线照射老化，也导流雨水，避免雨水对保温层的侵蚀破坏。

室外环境

智能感应外遮阳系统

室内空气质量监测

整洁明亮的教室

· 智能感应外遮阳系统

活动外遮阳设备采用电动驱动，并具有智能化感应控制，根据太阳能照射及角度变化可自动升降百叶和调节百叶角度，智能感应控制系统保证了百叶帘能够依据风、光、雨、温度自动开合，并保护百叶帘在霜冻、大风时等有害气候条件下不受损害。

· 真空除湿新风系统

针对幼儿园教室的人员密度大，导致 CO_2 易超标、细菌易传播等问题，新风系统采用了新风与回风相结合的空气流动方式，设备采用真空除湿技术及石墨烯热能转换芯体，从而实现对新风有效地除湿及温度合理控制。

通过设备标配的云测仪可以将室内的温度、湿度、CO_2 及 PM2.5 等净化数据实时显示在室内的液晶控制面板上，云平台系统通过账号管理，可将净化数据实时推送至园方领导及家长手机 APP 客户端。

■ 示范意义

幼儿园是大多数孩子接触社会，进行集体生活的第一站。该项目通过大量创新技术的应用，给幼儿提供了一个安全舒适健康的室内外环境。项目建设运营中的一些节能环保的理念，也能让在幼儿感知体会，培养他们绿色生活的良好习惯。

该项目是江苏省超低能耗被动式建筑示范项目，在 2017 年被授予"中德合作高能效建筑——被动式低能耗建筑质量标识"，同时还作为案例，支撑了省级超低能耗被动式建筑相关技术研究工作的开展。

案例撰写：朱灿银、尹海培 / **材料提供**：谷 兵

拾年十年
2008-2018

从 绿 色 建 筑 到 绿 色 城 市

From Green Building
to Green City

03 🏥

绿色医院

人性化的新型医疗建筑：南京河西儿童医院

项目规模： 用地面积 8.3 万 m²
建筑面积 23.3 万 m²
建筑高度 58.0m
建设时间： 2012—2016 年
建设单位： 南京河西新城建设发展有限公司
设计单位： 南京市建筑设计研究院有限责任公司
施工单位： 上海宝冶集团有限公司

建筑全景鸟瞰

■ 案例创新点

南京河西儿童医院以提供轻松、舒适、便捷的就医体验为目标，以创建"绿色医院"为导向，通过精心的设计、精细的建造、精准的管理，打造了一座绿色健康的专业医院。医院充分考虑医疗建筑特征和儿童心理，设计了花园式室外环境、颇具童趣的入口门厅、人性化的诊疗空间；因地制宜地采用绿色建筑技术，营造了舒适健康的室内环境；采用 BIM 技术和"智能化医疗"体系，实现智慧高效的建造和运营。河西儿童医院是江苏第一所，也是唯一一所获得"三星级绿色建筑设计标识"的儿童医院。

■ 案例简介

· "以人为本"的理念设计人性化的医疗建筑

医院充分考虑医疗建筑特征和儿童心理，以最佳就医体验为目标。门诊大厅的动态投影卡通画和大色块渲染的主题墙面，为儿童提供乐园般的环境；配备婴儿换洗台、儿童专用洁具、

室外景观绿地

色彩设计营造轻松愉悦室内空间

机械化分药设备

自然采光、充满童趣的门诊大厅

自动抓药"机器人"

洗手池、安全扶手、识别标识等定制配套设施，便于患儿使用。熟练地运用室内色彩设计为患儿营造轻松愉悦的诊疗环境，同时起到辅助治疗的作用；重视自然采光、自然通风和功能流线设计，为医护人员创造便利舒适的工作场所。室外立体景观构筑花园式医院；交通组织采用人车立交分离，有效避免了出入口拥堵。

· 绿色生态技术助力舒适健康的室内环境

以"绿色医院"为目标，医院集成绿色生态技术以营造舒适健康的就医环境。门诊大厅生态中庭及室外光导管系统有效改善室内采光效果，通过高庭院顶部的活动遮阳板与拔风风帽实现了室内自然通风；外立面采用双层呼吸表皮，既有丰富的立面效果，又有良好的光线和室温调节作用。项目通过太阳能热水系统、太阳能光伏系统、余热利用、节能灯具、雨水回收利用技术，满足使用需求的同时实现节能节水目标。

· "智能化医疗"体系引领智慧高效的运营管理

医院施工过程中采用 BIM 仿真施工技术，运营后引入"智能化医疗"体系，集成了药品传输系统、排队叫号系统、ICU 探视监控系统、手术示教系统等，提供智能、便捷、高效的就医新体验。医院设置完善的楼宇自控系统，可分类计量各类设备能耗，并根据医院人流量调节设备运行状况。

■ 示范意义

河西儿童医院以人性化的医疗环境成为南京最受欢迎的专业医院之一。医院作为河西新城绿色建筑示范项目，先后获得"鲁班奖""全国建筑业绿色施工示范工程""省部级建筑新技术应用示范工程""中国安装之星""江苏省优秀设计工程"、江苏省"扬子杯"优质工程奖、"南京市建筑优质结构工程"等荣誉。医院运营后年综合电耗为 73.12kW·h/（m^2·a），远远低于江苏省医疗卫生建筑平均数据 84.29kW·h/（m^2·a）。

案例撰写：李湘琳、曹 静 / 材料提供：马 萍

医疗建筑可再生能源建筑利用：
南京鼓楼医院太阳能热水系统

项目规模：占地面积 2.14 万 m²   **建设单位：**南京鼓楼医院
            总建筑面积 22.48 万 m²   **设计单位：**南京市建筑设计研究院有限公司
            建筑高度：58.3m   **施工单位：**中铁建工集团有限公司
建设时间：2007—2012 年   南京北方赛尔环境工程有限公司

■ 案例创新点

    南京鼓楼医院太阳能系统与建筑一体化设计，采取了"高空廊架对称屋檐式"布局方案，高效利用屋面空间。系统采用太阳能与蒸汽锅炉联合供热水方式，优先利用太阳能，系统配备专业自动控制系统，能够对系统运行状态和数据进行智能化分析和控制，保障系统稳定、安全、合理运行。鼓楼医院太阳能热水系统集热面积在全国医疗系统中位居前列，太阳能保证率高达 54.72%，节能效果显著。

■ 案例简介

·一体化设计：设备与建筑屋面良好融合

    鼓楼医院太阳能系统遵循了与建筑同步设计、同步施工和同步验收的原则，在综合考虑了医院总体建筑设计、消防管道、通风井、风机盘管、线缆桥架等楼面设备全面协同的基础上，采取了"高空廊架对称屋檐式"布局方案，有效的利用屋面空间，整套系统宛如巨大的蓝色天窗平铺在屋顶上，既充分利用太阳能集热，又起到隔热作用，同时实现了太阳能与建筑屋面良好结合。

建筑外立面

屋顶太阳能光热系统

机房

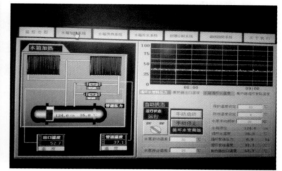
控制系统

·多技术耦合：太阳能与蒸汽辅助热源系统联合

本项目充分利用了原有的蒸汽换热设备，采用太阳能＋蒸汽换热辅助加热的方式，在满足医院 24 小时热水用水需求的前提下，减少了系统的重复投资。系统采用太阳能预加热和辅助热源二次加热的模式，优先使用太阳能资源，保证了系统的最大节能效果。

·智能化监控：远程自动控制与节水管理

太阳能热水控制系统采用工业级可编程控制器，实现远程自动化控制，无须专人管理，保证控制系统稳定、可靠、控制灵敏、抗干扰能力强；控制系统自动分析，实现优先利用太阳能，最大限度地减少辅助加热能源的消耗，保证系统的安全、稳定运行的目标。在末端节能控制方面，用户使用智能刷卡系统使用热水，节约了水资源和能源，并保证病区每个床位每天可刷卡使用半小时的热水。

■ 示范意义

南京鼓楼医院太阳能热水系统目前已经投入运营 6 年，累计产生太阳能热水 20 余万 t，合计节约费用约 500 万元，达到了良好的节能效果。本项目是太阳能热水系统在医疗建筑中应用的一次成功尝试，为进一步创建绿色医院积累了实践经验。

案例撰写：陈　龙、尹海培　/　**材料提供：**王伟航

绿色健康综合医院：
无锡市锡山人民医院新院区

项目规模：占地面积 6 万 m²　　　　建设单位：无锡市锡山人民医院
　　　　　总建筑面积 12.8 万 m²　　　设计单位：华东建筑设计研究院有限公司
　　　　　建筑高度 94.7m　　　　　　施工单位：无锡锡山建筑实业有限公司
建设时间：2012—2016 年　　　　　　　　　　　江苏正方圆建设集团有限公司

■ 案例创新点

　　无锡市锡山人民医院新院区在建设之初就明确了秉承"服务人民、奉献社会"的办院宗旨，全面实施人性化服务，创建绿色高效的综合性医院。新院区结合医疗建筑的特征，应用合适的绿色建筑技术，打造了绿色健康的室外环境和舒适的诊疗空间，并采用智慧化手段，实现了高效的运营管理。

■ 案例简介

· 健康舒适的室内外环境

　　新院区集成应用多种绿色节能技术营造舒适健康的就医环境。大楼采用节能墙体和窗户，围护结构节能达到了江苏省甲类公建 65% 的节能标准，保证了室内舒适度；根据建筑布局，设计采光中庭，中庭屋顶设置玻璃天窗和电动遮阳百叶改善室内自然采光；在大空间设置了

鸟瞰图

建筑外立面　　　　　　　　　绿色技术宣传展示屏　　　　　　　　中庭自然采光

CO_2 探测器，在地下室设置了 CO 传感器，根据气体浓度自动开启通风设备，保证健康舒适的室内环境。新院区采用本土绿化物种植被，实施乔灌木覆层绿化，并在裙楼、门诊楼屋顶设置了屋顶绿化，绿化面积占屋顶可绿化面积比例为 45.5%；室外设有大面积的绿化，地面停车位采用植草砖，透水地面面积比例达到 43.7%。

· 节能高效的能源资源供应系统

采用冰蓄冷 + 地源热泵耦合系统，地源热泵空调系统提供建筑采暖空调负荷的 20%，冰蓄冷系统可有效减轻白天电力系统的负担；设置完善的智能化系统监测所有用能设备的能耗情况和运行工控，及时调整运行策略，保持各个系统高效运转；因地制宜的引入了市政中水，主要用于冲厕及室外绿化、道路广场浇洒，非传统水源利用率达到 53.7%。

· 智慧高效的运营管理

新院区引入"智能化医疗"理念，提供智能、便捷、高效的就医新体验。在无锡地区医院中首家配置了轨道小车物流系统；并实现包括自助挂号缴费、自助排队取号以及自助打印取单等在内的全流程自助服务；此外还集成了建筑设备自动化系统、数字化手术室示教系统、病房呼叫系统、排队叫号系统、婴儿防盗系统、移动探视系统、自助服务及信息发布系统、LED 显示系统等多项自动化系统。各系统高效运行，对设备和人员进行有效监控，对关键数据进行实时采集并记录，确保各类设备系统运行稳定、安全可靠，达到高效安全运行和节能环保的管理要求。

■ 示范意义

无锡市锡山人民医院以人性化的医疗环境成为无锡市东部片区最受欢迎的综合医院之一，患者和家属满意度高。新院区作为无锡市绿色建筑示范项目，获得了二星级绿色建筑设计标识，并通过合理高效的运营模式，不断优化运行方案，取得了良好的节能成效和综合效益。

案例撰写：朱永坚、尹海培 ／ **材料提供**：王明新、陈 成

拾年十年
·2008-2018

从 绿 色 建 筑 到 绿 色 城 市

From Green Building
to Green City

04

绿色办公建筑

现代园林式办公楼：
苏州中衡设计集团研发中心

项目规模： 用地面积 1.4 万 m²　　**建设单位：** 中衡设计集团股份有限公司
　　　　　建筑面积 7.5 万 m²　　　**设计单位：** 中衡设计集团股份有限公司
　　　　　建筑高度 99.0m　　　　　**施工单位：** 中亿丰建设集团股份有限公司
建设时间： 2011—2015 年

■ 案例创新点

苏州中衡设计集团研发中心用"干净"的现代手法"转意"传统文化，借鉴江南园林的院落式布局，设置室外庭院、屋顶花园、绿色中庭等，让使用者在高层建筑中也能体验"小桥、流水、人家"的意境，感受绿色宜人的园林式办公环境。作为一座绿色智慧办公楼，项目实施中建筑师的"空间调节"策略与工程师的"设备调节"策略高度融合，真正落实了"被动优先、主动优化"的发展理念。

■ 案例简介

· 塑造多层次园林空间

研发中心大楼将传统、地域文化及园林特征融入现代办公建筑中，借鉴苏州古典私家园林"围合—中心—关联"的空间关系特点，通过优化建筑空间布局，强化自然采光、通风、垂直绿化、自动雨水收集系统与庭院、花园的有机结合。大堂、中庭和各办公空间遍布绿色，平均每 5m² 配有一株绿植。

建筑外观

屋顶花园上的采光天窗　　　　　办公空间自然采光效果　　　　　　大堂采光顶

· 系统集成绿建技术

积极运用雨水回收利用、垂直绿化、屋顶花园农场、可调节遮阳系统、新排风热回收等主被动绿色建筑技术，以及地源热泵空调、太阳能热水、风光能联合发电等可再生能源技术，实现多种绿色建筑技术系统集成和智慧运营，达到了"节地、节能、节水、节材、室内环境优良、运营管理智慧"的绿色建筑目标。

· 组织人性化办公环境

研发中心的交错院落式设计将自然风、自然光和多种绿化引入办公空间，室内环境监测平台将实时监测导的空气品质转化为可读指标通过网络向员工展示，实现了自然、健康、可信赖的办公环境。考虑到员工工间、下班后的休闲健身需求，研发中心设置了开放式咖啡厅、藏书楼、茶水间和母婴室，安排了地下健身空间、室内游泳池和屋顶露天健身空间，大幅度提升了员工对办公环境的满意度和归属感。

■ 示范意义

中衡设计集团研发中心实现了"绿色健康 生态自然"的目标，是一座真实可用、可示范展示、具有人文关怀的绿色智慧建筑。项目通过地源热泵等节能设备技术的使用，用电量降低了25%；通过收集回用雨水，市政用水量降低了13%。在使用者满意度调查中，室内环境总体满意度和物业管理服务总体满意度均接近满分。项目获"三星级绿色建筑标识""健康建筑三星级运行标识"，获得"全国勘察设计行业优秀工程"公共建筑一等奖、建筑智能化专业二等奖、建筑环境与能源应用三等奖、"江苏省优秀工程勘察设计"等多项荣誉。

室内绿化　　　　　　　　　　图书馆　　　　　　　　　　　　室内环境监测系统

案例撰写：李湘琳、郭丹丹　/　**材料提供：**郭丹丹

绿色复合型能源网园区：
南京·国家电网有限公司客户服务中心南方园区

项目规模：用地面积 25.2 万 m²　　**建设单位：**江苏省电力公司客服南方基地建设分公司
建筑面积 13.6 万 m²　　**设计单位：**北京市建筑设计研究院有限公司
建筑高度 42.2m　　**施工单位：**南京市第六建筑安装工程有限公司
建设时间：2013—2015 年

■ 案例创新点

南京·国家电网公司客户服务中心南方园区项目以建设"国家电网能源技术与服务创新园区"为目标，以"绿色能源、智慧服务、生态宜业"为导向系统谋划、精心设计，集成了各种清洁能源利用系统构筑"绿色复合型能源网"，实现了分布式能源的梯级利用、互补利用；通过全面集成智慧楼宇、智慧能源、智慧环境等系统，打造了"高效率运营、高质量办公、高品质生活"的智慧园区；以"影之山水，画聚南方"为设计意向，将简约的建筑风格与江南园林要素融合，创造了现代与传统交融的新中式办公园区。

■ 案例简介

· 绿色高效的能源供应

园区规模化应用太阳能、风能、地热能、空气能 4 类清洁能源，创新集成光伏发电、风力发电、地源热泵、冰蓄冷、蓄热式电锅炉等 9 种高效能源转换装置，建设了服务园区的复合型能源网，全面供给园区能源需求。通过架构依托能源网的运行调控平台，实现对园区冷、热、电、热水需求的综合分析、统一调度和优化管理。综合调峰调蓄、配比优化、协调控制等运行策略，采用小时级自适应调整的调控策略，使能源供给更为精细化，使能源供给与用户的实际用能需求更为贴合。

· 智慧精准的运营体系

园区建成包括建筑能效综合管理系统、智能照明系统、智能灌溉系统、智慧园区综合管控平台等 38 个智能化子系统，实现传感网、无线网、公共区域视频监控全覆盖，通过部署 17000 多个信息测量点位，形成联动场景 45 个，实现各类服务的有机整合。例如一卡通服务涵盖门禁、住宿、考勤、就餐、班车、运动场预约、图书预约等 12 种功能，真正做到"一卡在手，园区无忧"；环境监控系统实时监测二氧化碳浓度、气象参数等信息，联动调节室内的温湿度、新风量，为员工提供绿色舒适的工作环境；"掌上园区"APP 支持园区吃、住、行、文体活动等信息互动和预约等功能，为员工提供方便快捷的生活服务。

园区全景鸟瞰

·环境优美的绿色园区

园区规划设计灵感来自于"金陵四十八景",通过建筑形象与景观要素的叠加,形成颇具风格的文化意向。生产区服务中心使用赤色石材和穿孔铝板作为外表皮,对应"赤石片矶"意向;根据园区功能布局需求,利用步道、植被、水景等要素,打造了"樱花步道,虹桥映月,祈泽池深,白鹭二水"等景点,形成移步易景、园在景中的优美环境体验。园区绿地率达到35%,水面率达到10%,大量的透水、亲水场地有效调节了园区微气候,并为雨水收集利用提供了良好载体。

■ 示范意义

园区积极响应国家能源领域"两个替代"(电能和清洁)发展战略,在项目建设运营中推进节能减排。园区投入运营后年节电988万kW·h,对比传统方式节约燃气106万 m^2,折算标煤4092t。园区在智慧能源系统(能源互联网)、智能园区系统的联动应用方面积累了重要经验,树立了行业典范。园区是系统内首家获得"三星级绿色建筑标识"的园区,并获得"国家电网公司科学技术进步"一等奖和"2017年中国电力创新奖"一等奖等荣誉,成为APSEC(亚太经合组织可持续能源中心)首例国际培训基地。

园区景观桥（虹桥映月）

园区景观水池（白鹭二水）

室内办公空间

运营监控中心内庭院

充分利用自然光的呼叫中心中庭

园区智控中心

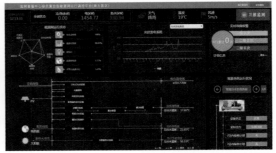

绿色复合型能源网运行调控平台

案例撰写：李湘琳、赵鲲鹏 / **材料提供：**赵鲲鹏

高舒适低能耗办公建筑：
盐城·东台市勘探设计大厦

项目规模：用地面积 1.1 万 m² 　　　　**建设单位：**东台市建设工程施工图设计技术审查中心
　　　　　　建筑面积 2.9 万 m² 　　　　　**设计单位：**杭州中联筑境建筑设计有限公司
　　　　　　建筑高度 57.6m 　　　　　　　**施工单位：**江苏泓建集团有限公司
建设时间：2011—2013 年

■ 案例创新点

　　东台市勘探设计大厦在充分考虑本地气候特征、办公建筑功能特点等因素的基础上，以营造"健康舒适、节能高效的办公环境"为设计目标，重视自然采光和室内外景观环境效果，将中庭自然采光与空中花园相结合，营造出舒适怡人的办公环境；综合采用了地源热泵、太阳能光热、光导照明等多项适宜的绿色节能技术措施，大大降低了建筑运行能耗。

■ 案例简介

　　·因地制宜的建筑空间布局

　　勘察设计大厦顺应建筑规模、限高、沿街界面等设计条件，采用满铺布局、穿插设计、半围合空中庭院，形成了界面完整而又通透的建筑体量，呼应东部行政组团形象，并与西北部市民广场进行空间对话。根据本地最佳朝向将建筑主体布置在南侧和东侧，避免了传统板式建筑进深过大带来的通风采光缺陷，基于被动式理念的空间布局创造了具备高能效潜力的建筑本体，并使得建筑真正成为城市环境中的有机组成。

建筑外观

地源热泵机房

光导照明

办公阳光中庭　　　　　　　空中花园　　　　　　　屋顶绿化

·节能高效的可再生能源应用

项目空调系统采用地源热泵技术，以浅层地热能作为冷热源，满足建筑的采暖制冷需求，系统年能耗较常规系统降低20%以上。在屋顶设置太阳能热水系统，承担厨房全年热水需求。另外，项目地下室采用光导照明系统，利用自然采光减少照明能耗。空中花园的屋面普遍布置了屋顶绿化，增强了屋顶保温隔热性能。

·均匀舒适的室内光环境

项目通过层次丰富的采光中庭设计，使室外光线和空中花园景观渗透到建筑室内，塑造了充满阳光和生机的共享公共空间。主要功能空间通过合理开窗和办公室尺寸设计获得最佳的自然采光，室内墙面采用浅色石材饰面，主要走廊采用磨砂玻璃隔断，强化了自然光的反射透射效果，弥补了局部空间自然采光的不足，结合漫反射型照明设计，为工作人员创造了良好的办公光环境。

■ 示范意义

东台市勘探设计大厦是东台市首个地源热泵建筑应用项目，项目运营数据表明，仅空调系统每年省电114.35万 kW·h，折合标准煤321t，节省电费99.1万元，全年综合能耗仅53.68kW·h/m²。项目为东台地源热泵技术的应用积累了实践经验和基础数据，起到了良好的示范作用。此后，东台逐步推进地源热泵在公共建筑中的应用，应用总规模达到15万 m²。

案例撰写：赵　帆、李湘琳　/　**材料提供**：王　炜、罗　磊

感知能耗，智慧监管：
无锡市市民中心

项目规模： 用地面积 17.1 万 m²　　　　**建设单位：** 无锡市机关事务管理局
　　　　　总建筑面积 36 万 m²　　　　　**设计单位：** 无锡锐泰节能系统科学有限公司
　　　　　建筑高度 83m　　　　　　　　**施工单位：** 无锡来德电子有限公司
改造时间： 2013—2017 年　　　　　　　　　　　浙江科视电子技术有限公司

■ 案例创新点

无锡市市民中心以绿色发展为核心理念，通过实施节能环保改造，推广新能源新技术应用，提升能效水平。通过完善节能监管平台软件功能，利用电梯运行管理及电梯能量回馈技术、物联网技术等措施，多方面对市民中心用能进行的全方位用能管理，取得了显著的节能效益。实现了打造"精细、绿色、智慧、法治"四位一体现代机关后勤的目标任务。

■ 案例简介

通过优化管理模式、优化保障结构、优化服务环境、构建节约高效的机关后勤运行新格局，对市民中心 13 栋楼宇建筑采取系统的建筑用能管理手段和措施。

· 物联网技术应用

积极引进传感网技术，打造"一平台四系统"建设。包括智能楼宇控制系统、周界虚拟围栏防入侵系统、智能停车场系统、智能交通子系统。实现了由传统的人工管理向智能管理的转变，大大提高了工作效率，节约了人力成本。市级机关集中办公后，减少服务保障人员 500 余人，年节约人力成本达 2000 余万元。

建筑外观

建筑外观

· 可感知的能源监管系统

系统共有一个平台和五个子系统组成，配备装置 3930 块智能电表、76 块智能水表、13 块智能燃气表、220 个数据网关、3 台服务器及 1 个监控平台。系统可以实现三个方面功能：对市民中心的水、电、气等能耗进行实时监测和分析；对 VRV 空调实行远程管理和集中控制；对电消耗分户计量到每一个办公室和每一个处室，对部门用电进行统计汇总，为实行能源定额消耗管理和能耗公示提供技术支持。

· 照明系统改造

对建筑内的照明系统进行了改造，将地下车库和部分办公楼内的灯具更换成 LED 光源，节电率达 50% 以上；在保证亮度的前提下，对使用效率不高的灯管进行了拆除，累计拆除灯管 1 万余只，比刚搬迁入住时每天减少照明浪费 4000 余 kW·h，一年节电将达 150 余万 kW·h。

· 电梯余能回收改造

对 30 台高频度使用的电梯安装了电能回收系统，该系统能够将电梯重载下行、空载上行及刹车过程中产生的能量，转化为电能反馈回电网，减少电梯耗能。经过能源监管系统的监测，此系统节电率达 20% 以上，年节省经费 19.85 万元。

· 分布式光伏电站

利用了共 1 万多平方米的空闲建筑屋面和地面停车场车棚，建设了 1.25MW 的分布式光伏电站。并运用合同能源管理模式，与企业合作进行建设运行管理和收益分享。这些电站年发电量超过 120 万 kW·h，每年减少近千吨二氧化碳的排放，相当于种植 4000 棵树。

■ 示范意义

无锡市市民中心自 2015 年实施绿色市民中心建设以来，综合能耗下降 20.2%，综合水耗下降 15.3%，三年累计节约财政经费 1200 余万元。同时，一批节能环保工程的实施和新能源新技术的率先应用，也助推了绿色产业的发展，为全市节能减排工作和生态文明建设增添了新亮点。绿色市民中心建设的举措和成效，受到了社会各界的广泛关注和好评，并先后荣获"江苏省首批水效领跑者""江苏省第一批公共机构能效领跑者""全国公共机构能效领跑者"等荣誉。为全市公共机构节能和"美丽无锡"建设树立了新标杆。

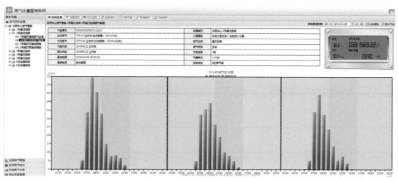
能源监管系统

电动汽车充电桩

电梯电能回馈装置

地下车库 LED 灯（节能改造）

光伏发电停车场

案例撰写：李 惠、尹海培 / **材料提供：**叶国旗

超低能耗被动式建筑：
江苏南通三建研发中心

项目规模： 用地面积 0.09 万 m²　　　**建设单位：** 江苏南通三建集团股份有限公司
　　　　　建筑面积 0.67 万 m²　　　**设计单位：** 北京中筑天和建筑设计有限公司
　　　　　建筑高度 23.9m　　　　　　**施工单位：** 浩嘉恒业建设发展有限公司
建设时间： 2015—2016 年

■ 案例创新点

　　江苏南通三建研发中心是夏热冬冷地区首个超低能耗被动式公共建筑，在设计过程中充分考虑夏热冬冷地区的气候特征等因素的基础上，采用围护结构节能技术、自然通风自然采光节能技术、高效热回收新风系统等技术，通过建筑本身的构造设计，达到舒适的室内温度，满足冬暖夏凉的要求，不需要单独安装供暖降温设施，即不需要"主动"提供能量具有恒温、恒湿、恒氧、恒净、低噪、适光、超低能耗、健康舒适等显著的优点，不管是寒冷的冬季或是炎热的夏季，都能保持室内 20 ~ 26℃。这种建筑在显著提高室内环境舒适性的同时，可大幅度减少建筑使用能耗，最大限度地降低对主动式机械采暖和制冷系统的依赖，综合节能率达 90% 以上。

■ 案例简介

· 合理的自然通风采光

　　建筑充分考虑了体型系数和外立面的简洁平整性。在建筑立面上，尽量减少不必要的建筑造型所可能引起的热桥损失。在建筑平面上，平面布置尽量使功能明确、紧凑，利用走廊、电梯、楼梯间等区域作为回风过渡区，将建筑设计与暖通设计进行了一体化的构思。

　　办公楼所有房间、走廊、楼梯间均考虑了自然通风要求。外窗开启面积占外窗总面积的1/3 以上；建筑南、北向窗墙面积比均大于 0.3，且采用内平开、上悬两种开启方式，便于

超低能耗绿色示范园区全景

建筑外观　　　　　　　　　　可调节活动外遮阳

组织室内穿堂风、改善室内空气品质，减少机械空调通风的使用。

· 因地制宜的节能措施

根据德国被动房标准设置了外墙外保温系统和外门窗系统，使建筑外围护结构具有优秀的隔热性能，保障了室内能够不随室外温度的变化，始终保持适宜的温湿度环境。

建筑的东、西、南向外窗采用电动外遮阳百叶窗帘，可以根据气候及太阳高度角、太阳光线的强度等来调节百叶窗帘的升、降及百叶的角度，夏季能遮挡 50% 以上的太阳辐射，可大大降低太阳辐射引起的冷负荷和眩光的影响。

中心办公区域采用分层独立控制全新风系统，新风通过风道直送到每个房间，利用过道作为回风溢流通道，过道内靠近风机房设集中回风口。

· 舒适的人居环境

该建筑在显著提高室内环境舒适性的同时，可大幅度减少建筑使用能耗，最大限度地降低对主动式机械采暖和制冷系统的依赖。冬季可不设传统采暖设施而仅依靠太阳辐射、人体放热、室内灯光、电器散热等自然得热方式的条件下室内温度能达到20℃以上。室内全年可保持 20~26℃ 的舒适温度；二氧化碳浓度低于 1000ppm；保持 35~45dB 的低噪宁静空间，保持 40%~60% 的人体最舒适湿度。

■ 示范意义

超低能耗被动式建筑可以在没有供热设施的条件下，利用建筑物自然得热使冬季室内温度达到20℃以上。为解决夏热冬冷地区的冬季供暖、夏季制冷问题，提供了一条有效的、可靠的技术路径，是解决此地区人们居住舒适度问题的最佳建筑形式。在夏热冬冷地区建造超低能耗被动式建筑，或将现有房屋改造成超低能耗被动式建筑，可以妥善地解决其室内舒适度问题。

江苏南通三建研发中心是我国夏热冬冷地区的首个超低能耗被动式建筑项目，获得了"中德合作高能效建筑—被动式低能耗建筑质量标识""二星级绿色建筑设计标识"。是该类型建筑在夏热冬冷地区的有益尝试，为超低能耗被动式建筑的设计、建造理念和方法进行了探索，具有很好的推广示范意义。

案例撰写：黄　端、尹海培　/　**材料提供：**黄　端

拾年
十年
2008-2018

从 绿 色 建 筑 到 绿 色 城 市

**From Green Building
to Green City**

05

绿色大型公共建筑

◎ 会呼吸的绿色航空港：南京禄口国际机场 T2 航站楼

◎ 融合传统文化的地标性绿色建筑：常州武进影艺宫·凤凰谷

◎ 可再生能源建筑应用集聚示范：连云港·大陆桥产品展览展示中心

会呼吸的绿色航空港：
南京禄口国际机场 T2 航站楼

项目规模：用地面积 16.1 万 m²　　**建设单位：**南京禄口国际机场有限公司
　　　　　　建筑面积 34.7 万 m²　　**设计单位：**现代设计集团华东建筑设计研究院有限公司
　　　　　　建筑高度 38.3m　　　　**施工单位：**中建八局三公司
建设时间：2010—2014 年

■ 案例创新点

　　南京禄口国际机场 T2 航站楼在设计之初就将绿色生态和以人为本的理念贯穿于各个环节，在充分考虑夏热冬冷地区气候特征、机场建筑用能特点等因素的基础上，采用了多项适宜的绿色建筑措施，建立了高效的运营管理体系。项目以其出色的设计、针对性的绿色技术措施应用、高品质的建筑环境以及显著的节能环保效益，成为全国首个三星级运行标识绿色机场建筑。

■ 案例简介

· 因地制宜的设计方案

　　在建筑设计方案中融入了节能、绿色、环保等绿色理念。主楼、长廊采用典雅且富有自然流动感的曲线屋顶造型，与 T1 航站楼形成呼应，并巧妙地利用波峰波谷变化设置天窗，在为功能区提供自然采光的同时，令屋顶看起来更加轻盈，而合理的空间规划为旅客带来舒适的环境和便捷的体验。同时，因地制宜地设计应用了智能照明、排风热回收、太阳能热水、雨水／中水回用、冰蓄冷储能供冷、综合管沟、自然采光与自然通风等主动式绿色技术措施。

鸟瞰图

候机大厅自然采光设计

机场 LED 照明

气动窗开启设计

电动可调节遮阳设计

·舒适怡人的室内环境

从为旅客提供舒适怡人的室内环境入手，整个建筑布置了 448 块气动窗、524 块外遮阳电动窗帘、180 个温湿度智能监测点以及智能照明控制系统等设施，可根据室内外环境参数的变化，实时调整运行策略，确保航站楼内温湿度、光照度以及空气质量等指标始终处于优异水平。以三楼候机大厅为例，常年保持夏季温度 25~26.5℃、冬季温度 18~23.5℃，室内 CO_2 浓度 500~600PPM，照度 200~300Lux，保证旅客最舒适环境。

·合理高效的运营管理

T2 航站楼三星级绿色建筑运行标识并非通过堆砌高精尖绿色技术获得，而是统筹考虑供水、供电、供暖（冷）以及污水处理等实际运营需求，针对性地采用绿色技术措施。如针对提高用水效率，应用了雨水收集回用系统并高效运营，可收集处理雨水量达 2000t，经处理后可为楼内 110 个洗手间提供冲厕用水，日均节水量达 240t，该系统是目前国内机场建筑中规模最大并已使用的雨水收集系统；通过增加可再生能源应用，在屋面设置了 102 组真空管集热器，每天可产生 40t 生活热水供给公共浴室。

屋顶绿化和太阳能光伏板

机场综合管廊

■ 示范意义

　　航空港并非只追求"规模大、够气派"的形象工程，T2 航站楼的建设和运营真正体现了"回归建筑本体、坚持以人为本、优化室内功能、减少技术堆砌"的绿色建筑发展理念。T2 航站楼年旅客吞吐量、航班量与 T1 航站楼相比，分别增加 17.9%、16.7%，而单位建筑面积能耗较 T1 航站楼却下降了 19.6%（130kWh/m^2），每年节约运行费用约 1338 万元，节约效益显著。项目获"全国绿色建筑创新奖一等奖""江苏省绿色建筑创新奖一等奖"等荣誉。

案例撰写：祝一波　/　**材料提供：**丁　琛

融合传统文化的地标性绿色建筑：
常州武进影艺宫·凤凰谷

项目规模：用地面积 1.9 万 m²   **建设单位：**江苏武进经济发展集团有限公司
             建筑面积 4.8 万 m²   **设计单位：**南京大学建筑规划设计研究院
             建筑高度 44.5m   **施工单位：**上海建工四建集团有限公司
建设时间：2010—2012 年

■ 案例创新点

  武进影艺宫由中心剧场、青少年宫、展览馆三大部分组成，因其造型神似展翅的凤凰而取名。项目将绿色生态的理念融入建筑设计、施工、运营管理的全过程，实现了立体绿化、光伏系统、光热系统、外遮阳、光导管系统、雨水回用系统等与建筑的六个一体化集成应用，成为能源利用效率高、资源消耗小的绿色生态建筑。同时注重传统文化与建筑设计的融合，将 9 种不同色彩、类型的植物与玻璃幕墙、建筑遮阳板等建筑构件的合理组合，表达出无限的想象力与创造力，再现了地方传统工艺"乱针绣"的文化魅力，完美地将建筑融入当地的环境人文和生活。

■ 案例简介

· 适宜的绿色技术融合

  项目在建筑设计方案中融入了节能、绿色、环保等绿色理念，通过对建筑朝向的合理布置、遮阳的设置、屋顶可电动开启的天窗以及有利于自然通风的建筑开口设计等实现建筑需要的采暖、空调、通风等能耗的降低。同时，因地制宜地设计应用了太阳能光伏、太阳能热水、排风热回收、光导 / 智能照明、雨水 / 中水回用等主动式绿色技术措施。在保证相同的室内环境参数条件下，与未采取节能措施前相比，全年采暖、通风、空气调节和照明的总能

鸟瞰图

屋顶绿化

耗减少 65%。

· 技术一体化集成应用

施工针对工程异形结构、屋顶陡坡绿化、多切面钢结构等难点，建筑屋面及外墙采用多样性立体绿化系统，结合建筑立面采用外置式固定遮阳板，展现了传统文化"乱针绣"，同时也提高了建筑围护结构的保温性能；利用空余屋面设置太阳能热水系统、光伏发电系统以及光导管系统，提升建筑品质的同时也降低了建筑能耗；收集屋面雨水以及建筑废水，通过净化处理后用于建筑各非饮用水点，实现了节水效益。

· 显著的运行管理成效

通过建立完善的运行管理制度，加强管理人员的技能培训，确保项目高效运行。根据运行期间的数据统计，武进影艺宫光导管采光系统每年可节约照明能耗 28048.8kW·h，太阳能热水系统年产热水量 1359.54m³，每年可节约能耗 87237kW·h，光伏发电系统年发电量 103843kW·h，非传统水源替代率达 48.84%。

■ 示范意义

本项目不盲目堆砌绿色建筑技术，将每一项技术用到实处，并且在设施布置时注重实用性和艺术性的统一，在最终形成的外观效果中，建筑的外立面呈现了常州传统艺术"乱针绣"的艺术特点，给人以传统文化的精神享受和绿色建筑的健康舒适、节能环保的双重体验。项目于 2013 年荣获国家优质工程"鲁班奖"，获评"三星级绿色建筑标识"，并赢得了"全国绿色建筑创新奖三等奖""江苏省绿色建筑创新奖一等奖"等荣誉，成为常州的城市文化名片。

建筑外观　　　　　　　　　　垂直绿化

雨水回用机房

屋顶采光

光导管应用

太阳能光热应用

案例撰写：赵　帆　/　**材料提供**：黄　吉

可再生能源建筑应用集聚示范：
连云港·大陆桥产品展览展示中心

项目规模：占地面积 12.6 万 m²
　　　　　总建筑面积 14.3 万 m²
　　　　　建筑高度 55.2m
建设时间：2013—2017 年

建设单位：江苏方洋集团有限公司
设计单位：中国美术学院风景建筑设计研究院
施工单位：中建三局第三建设工程有限责任公司

■ 案例创新点

　　大陆桥产品展览展示中心设计坚持以人为本，注重节能、环保，建成高起点、高品位、高标准的国家级节能环保示范项目。项目根据地理优势，集中应用地源热泵空调、地源热泵热水、太阳能光伏和太阳能热水等多种可再生能源技术，在保障健康舒适的使用环境同时，最大限度地降低了一次能源的消耗。

■ 案例简介

·巧妙利用本地资源

　　大陆桥产品展览展示中心融入了节能降耗、绿色环保、可再生资源利用等绿色建筑理念。充分利用了连云港的地理优势与可再生能源技术的特点，提升建筑能效。连云港市处于暖温带与北亚热带过渡地段，气候温和湿润，常年平均气温为 14℃，全年无霜期 220 天，年均日照时数达 2400 ~ 2600 小时，同时，地表土壤和水体是一种巨大的太阳能集热器，收集近 47% 的太阳辐射量，非常适宜使用地源热泵系统及太阳能光热一体化的应用。

鸟瞰图

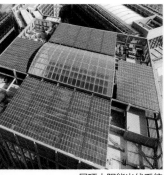

屋顶太阳能光伏系统

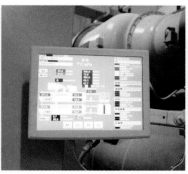
可再生能源监控系统

地源热泵机房

·多种可再生能源技术集成应用

根据现场情况建设了地源热泵系统、太阳能光热系统、太阳能光电系统等多种可再生能源系统。

地源热泵系统通过输入少量的高品位能源（如电能），实现低品位热能向高品位转移。运行及维护费用低，占地空间小，冬季无须辅助热源，建筑周围环境影响小，不产生任何污染，换热效率高、节能效果明显，社会效益显著。

太阳能光电系统与建筑屋面融合，同时考虑了美观性、与高效性。在不改变原有建筑风格和外观的前提下，优化太阳能光伏板的安装布局，尽可能提高光伏组件的利用效率，达到充分利用太阳能，提供最大发电量的目的。

太阳能光热系统采用非承压式集中真空管太阳能热水形式，在项目会议中心屋顶设置太阳能热水系统，总集热面积为 2016m²，配备燃气锅炉辅助加热，自动增压供水，全年热水供应量为 22903.47m³。

·健康舒适的使用环境

展示中心是集国际论坛会议、商务酒店、大陆桥产品展览展示、文化学术交流、人力资源培训等功能为一体的多功能城市综合体。项目采用的地源热泵采取小温差、大流量工作模式，在房间内不会感觉到空调风吹感，并根据需要为室内提供新风，保证室内空气新鲜舒适。

■ **示范意义**

大陆桥产品展览展示中心通过多种可再生能源系统的集成应用，实现了较高的综合节能率。在酒店、会议、会展建筑中集中应用地源热泵空调、地源热泵热水、太阳能热水和太阳能光伏等多种可再生能源技术，是在公共建筑中利用可再生能源集成应用的一次有益尝试，产生了理想的节能效果，年节约用电 263 万 kW·h。

案例撰写：丁建华、尹海培 / **材料提供**：丁建华

拾年
十年
2008-2018

从 绿 色 建 筑 到 绿 色 城 市

**From Green Building
to Green City**

06

绿色商业建筑

建在废弃宕口上的绿色建筑：
苏州高新区清山会议中心

项目规模：用地面积 2.21 万 m²　　**建设单位：**苏州高新商旅发展有限公司
　　　　　建筑面积 2.46 万 m²　　**设计单位：**中铁工程设计院有限公司
　　　　　建筑高度 20.8m　　　　**施工单位：**苏州建鑫建设集团
建设时间：2013—2014 年

■ 案例创新点

　　苏州高新区清山会议中心坐落于高新区科技城青山西侧，原址是一座废弃的采石宕口，地形东低西高。酒店结合宕口整治，依据宕口原有场地规划建设，由东至西，沿山体逐渐拾级而上，尽量不改变并合理利用宕口四周原有的植被、水系。景观设计中通过室外庭院、屋顶花园、绿色中庭等布置，使整个建筑掩映在青山的山水风光之中，自然和谐。建筑群合理组织，引导雨季山洪排入酒店东侧彩石湖，消除山体滑坡等地质灾害，有效提高了青山的生态景观和土地使用价值。

■ 案例简介

　　·建筑和环境的融合协调

　　酒店三面环山，东面临湖，7 栋单体建筑分而不断，由游廊串联起不同的场景及住宿空间，创造连续变换的空间情境，与周边景观融为一体，让人在建筑中散步犹如游走在山林之间。酒店充分利用现有山水资源，四周的植物以当地的乔木和灌木为主，合理组织利用山体水系，铺设透水地面，开挖沟渠引导山水成为彩石湖景观用水，注重雨水收集，用于宕口边坡绿植的喷灌养护。

鸟瞰图

鸟瞰图

· 绿色理念和技术的集成运用

酒店是三星级绿色建筑设计标识项目，依据青山和原有宕口西高东低的地形条件，建筑整体朝向东南，屋顶设置多处采光天窗，形成较好的自然采光和通风效果；大量采用屋顶绿化，设置多个屋顶花园和绿色中庭，让酒店与自然融为一体，为旅客提供休憩及聚会的场所；客房外窗设置可调节遮阳的装置，旅客可根据个人喜好调节阳光入射强度，在提高采光效果的同时大幅降低客房的使用能耗。同时，合理利用地源热泵、太阳能光热等可再生能源技术，实现了多种绿色建筑技术系统集成应用。

· 高效和低耗的运营管理

酒店由知名酒店管理团队负责日常运营，建立了完善的运行管理制度，确保日常工作高效运行。据日常运营数据统计，太阳能热水系统年产热水量 1609.4m³，每年可节约 10 万 kW·h，地源热泵空调系统比传统空调系统节电 35% 左右，每年使用雨水替代传统水源总量约 6000m³。

■ **示范意义**

近年来，苏州高新区在推进绿色建筑和生态城区工作中，一直致力于生态环境的修复和利用工作，对于区内历史的大量采石宕口，或培土复绿，或治理后重新规划建设。清山会议中心酒店创新了宕口改造思路，不是传统的改造后修复，而是通过精巧的设计将建筑与山、水等自然景观交互融合，是宕口整治再利用的优秀典范。

酒店大厅

自然采光天窗

酒店客房

室外海绵景观

宕口边坡

案例撰写：丁 杰、蔡红艺 / **材料提供：**蔡红艺

舒适宜人的绿色商城：
扬州扬子商城国际项目一期工程

项目规模：用地面积 5.1 万 m²　　　**建设单位：**扬州商城集团有限公司
　　　　　建筑面积 12.2 万 m²　　　**设计单位：**常州市规划设计院
　　　　　建筑高度 79.9m　　　　　　**施工单位：**江苏邗建集团有限公司
建设时间：2011—2013 年

■ 案例创新点

　　扬子商城国际项目由老旧商场"扬州商城"改造升级而成。为改善老商城购物空间环境，新商城通过系统集成的绿色理念，合理利用绿色化改造措施和多项适宜技术，大大提升了商城室内外环境品质，提高了原商城空间利用率，成为旧商城功能和品质改造提升的样板。同时，商城通过高效能源技术措施和用能管理体系，大大降低了商城运营能耗。项目获评为扬州市首个二星级运行标识绿色公共建筑。

■ 案例简介

　　·绿色理念引领的改建

　　项目由原扬州商城改建而成，在改建过程中以绿色、节能理念引领，充分保留老建筑的框架结构，将内部 4 层空间重新优化布局，提高空间使用效率的同时改善购物功能流线。将东、南、西局部外墙外移，降低体形系数，改善室内热环境。同时，新增排风热回收、太阳能光伏发电、雨水回用、透水铺装、能耗监测管理等绿色技术措施，有效改善了商城的购物环境。

商城鸟瞰图

· 舒适舒心的商城环境

项目充分利用自然采光、自然通风，合理利用浅冷灰色 LOW-E 中空玻璃幕墙改善室内的自然采光的同时降低热辐射，减少能源流失。室内空调通风系统采用数字化控制系统，控制送风（水）温度、新风及回风比等，保持商场室内环境的温度和湿度稳定，提高顾客购物舒适感。同时，采用智能化系统，为商城提供数字化管理，如分项计量、智能照明、智能监控、智慧停车系统等，全面提升商城运营管理效率。商城在 7 层会议室设置二氧化碳浓度监测系统，根据二氧化碳浓度自动控制室内新风系统启停。地下车库设置一氧化碳浓度探测传感器，根据一氧化碳浓度自动控制排风系统启停。

· 节能高效的用能模式

项目空调系统采用合同能源管理模式，通过设置全热交换式换气机，热回收率达 70%以上。在屋面安装太阳能光伏系统总装机容量 604.8kWp，年发电量约为 65 万度电（自发自用，余电上网），约占项目全年用电量的 10%，年节约标煤 188t。同时，项目建立了完善的节能、节水等资源节约与绿化管理制度，在日常管理中采用能源管理激励机制，有效地提高了各部门人员节能降耗的积极性。

中庭可移动遮阳

商城空间

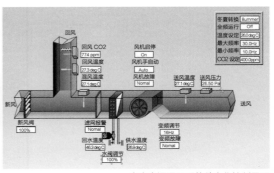

室内空调通风系统数字化控制界面

屋顶太阳能光伏系统　　　　　　　　　　　　　　　　　　　　　能耗分项计量设备

■ 示范意义

　　扬子商城是既有商场建筑应用绿色理念和适用技术改造再利用的典型案例。项目通过改造后，极大地提高了空间利用率，降低了建筑运行成本，提升了室内环境品质，带动了商城的人气，体现了绿色消费和绿色生活的理念，在扬州产生了良好的社会效益与经济效益，也为我省既有商场建筑开展绿色有机更新提供了参考。项目曾获"江苏省新技术应用示范工程""江苏省'扬子杯'优质工程""全国工程建设项目优秀设计成果三等奖"等多项荣誉。

案例撰写：丁　杰、吕冬香 / **材料提供：**吕冬香

合同能源管理模式的节能改造：
无锡·宜兴国际饭店

项目规模： 用地面积 3400m²　　**建设单位：** 宜兴国际饭店有限公司
　　　　　　总建筑面积 2.8 万 m²　　**设计单位：** 南京睿建节能技术有限公司
　　　　　　建筑高度 136m　　　　　**施工单位：** 南京睿建节能技术有限公司
改造时间： 2012—2013 年

■ 案例创新点

　　宜兴国际饭店采用合同能源管理模式开展节能改造，改造中综合了多种节能技术，对建筑外围护结构、主要用能设备进行改造，提升了建筑整体性能；同时建立了智慧能源管理平台，增强了建筑运行管理能力，实现了技术节能和管理节能双提升。项目由节能服务企业负责项目改造的资金，并通过节能服务企业专业的设计、施工、维护管理服务实现了节能目标，也获得了节能收益。改造后取得的节能效益由节能服务企业和建筑业主分享。

■ 案例简介

　·量身定制的建筑节能综合改造方案

　　宜兴国际饭店建于 1995 年，经过了 20 多年的使用，建筑内部分设备老旧，建筑内舒适度也达不到现有的要求。为提高建筑的整体性能，提升居住体验，开展了节能综合改造，包括建筑外墙新设外保温系统、更换新型节能外窗，提高了外围护结构的保温隔热和隔声的性能；更换了中央空调主机和水泵，提高了设备能效；结合酒店生活热水用量大的特点，选用热回收型空调主机，每天在制冷同时可免费制取 70t 生活热水；采用 LED 光源替代原有 8247 盏高能耗光源，在保证照明舒适度的前提下降低能耗。

　　通过建筑综合改造，提升了建筑的各方面使用性能和能效，在节能的同时也大幅提升了

建筑外形

建筑外观

新装风冷热泵机组

节能灯具

LED 灯具（节能改造）

节能外窗

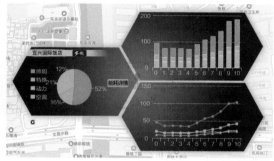

能耗监测系统

全饭店的舒适度，保证了良好的居住和就餐环境，提升了入住体验和入住率。

· 精细化的智慧能源管理平台

增设能源分类分项计量系统，对饭店电、水、气、热的消耗进行全面采集。新建智慧能源管理平台，对能耗数据进行统计分析。饭店后勤管理团队根据分析结果优化节能运行管理策略，制定切实可行的管理制度，并对各个部门的能源使用进行定额管理，通过要求强化各项节能管理措施，尽量减少能源浪费情况。

· 专业化的节能运行维护服务

节能服务公司对饭店进行专业化运行指导，一方面通过收集设备使用数据，分析各类设备的使用情况，定时对这些设备进行必要的检查与维护，及时消除故障隐患，保证各设备长期高效运行；另一方面节能服务公司基于专业经验，结合建筑能耗数据和设备使用情况，反馈发现的使用问题，并提出优化建议，帮助饭店管理团队提高节能管理水平，最终实现建筑节能"监测、分析、改造、优化、反馈"的大闭环逻辑，实现建筑节能最优化。

■ 示范意义

宜兴国际饭店节能改造后，年节省能源费用 170 余万元，投资回收期约 5 年，节能效益明显。市场化改造模式和适宜技术选用具有较好的示范意义，实现了技术节能和管理节能双提升。该项目的实施不仅为酒店带来了可观的节能效益，也对同类型建筑的节能改造提供了示范借鉴。

案例撰写：尹海培 ／ **材料提供**：明祥宇

绿色运营酒店实践：
宿迁·沭阳汇峰大饭店

项目规模： 用地面积 5.8 万 m²
建筑面积 5.3 万 m²
建筑高度 99.6m

建设时间： 2010—2012 年
建设单位： 江苏汇峰置业有限公司
设计单位： 扬州大学工程设计研究院
施工单位： 江苏万欣建筑安装工程有限公司

■ 案例创新点

沭阳汇峰大饭店作为宿迁市首个绿色建筑运行标识的项目，在规划、建设和运营全生命周期中，始终倡导绿色、健康、安全理念。一方面通过节能、节水，合理利用可再生能源，降低传统资源的消耗。另一方面通过降低废料和污染物的生成和排放，促进酒店的生产、消费过程与环境相容，降低对周边生态环境的影响。酒店始终坚持营造绿色环境，推行绿色管理，倡导绿色消费。

■ 案例简介

· 以人为本的设计理念

酒店以"以人为本"作为设计宗旨，在创造舒适美观的室内外空间环境，保障顾客的安全和身心健康外，因地制宜地融入了节能、绿色、环保等理念。通过采用自然通风与采光、排风热回收、土壤源热泵等绿色技术措施，创造出令人身心愉悦的室内空间环境。同时，最大化利用周边绿地、水面景观，提升酒店的价值和品位。

建筑外观

能耗分项计量系统

雨水处理设施

透水铺装停车场

地源热泵系统

· 舒适怡人的酒店环境

酒店采用了土壤源热泵系统，为提供客房生活热水，合理利用可再生能源，降低传统能源消耗；根据空间功能及季节的不同，实行合理的空调及新风运行方案，在客房设计中最为关注顾客健康，维持室内温度和湿度稳定，夏季温度处于 24℃左右，冬季温度处于 22℃左右，空气湿度 50%，极大地提高了顾客舒适度；地下车库设置一氧化碳浓度监控系统，当监测到的空气污染物浓度（PPM 值）达到设定值时，自动启动排风联动，提高地下车库空气质量，确保顾客的健康与安全；通过智能照明系统，使得客房、餐厅等区域照度水平均在标准范围内，保证顾客的最佳视觉体验感。

· 高品质酒店运营管理

通过楼宇设备自控系统（BA 系统）和客房控制系统等智能化管理系统，提升酒店管理品质；科学利用能源和雨水资源，实现传统资源和可再生资源高效利用；注重绿色设备维护保养，发挥设备最佳使用效能；加强宣传培训，引入成本考核，建立激励约束机制，增强酒店管理人员的节能环保意识。

■ 示范意义

汇峰大饭店的建设真正实现了"回归建筑本体、坚持以人为本、优化室内功能、减少技术堆砌"的理念，获得了"江苏省绿色建筑创新奖二等奖"。通过对绿色技术措施的科学运营和高效管理，单位建筑面积能耗较同类型比对建筑下降了 6.5%，约为 36.42kW·h/m²，年节约运行费用约 150 万元。

案例撰写：丁 杰、陈佩佩 / 材料提供：陈佩佩

拾年 十年 2008-2018

从 绿 色 建 筑 到 绿 色 城 市

From Green Building to Green City

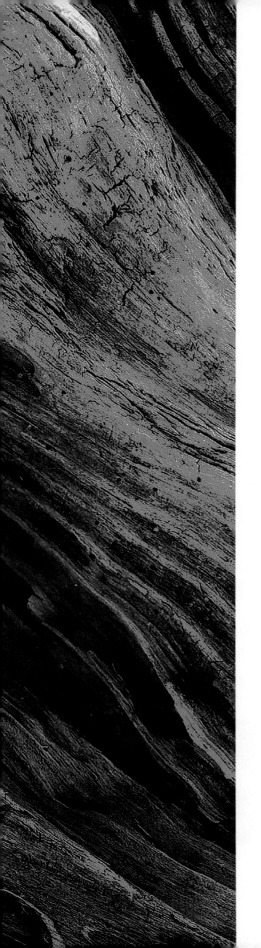

07

绿色工业建筑

◎ 国内首例绿色厂房：南京天加空调厂

◎ 绿色工业建筑新地标：苏州市友达光电（昆山）厂房

◎ 绿色理念的高效环保工厂：苏州三星薄膜晶体管液晶显示器

项目一期主厂房

国内首例绿色厂房：
南京天加空调厂

项目规模：用地面积 17.0 万 m²　　　**建设单位：**南京天加空调设备有限公司
　　　　　建筑面积 5.4 万 m²　　　　　**设计单位：**洲联集团
　　　　　建筑高度 12.8m　　　　　　**施工单位：**美联钢结构建筑系统（上海）股份有限公司
建设时间：2011—2012 年

■ 案例创新点

　　南京天加空调厂在规划、设计、实施、运营过程中，结合生产的特点和需求，将绿色建筑技术融入建筑与生产的各个环节，主动、被动节能措施兼施，辅以智能化系统，保障建筑真正绿色化运行。投入使用以来，有效地降低了能源、水资源消耗，显著改善了生产环境，提高了企业能源资源利用效率。

■ 案例简介

· 落实绿色发展理念

　　项目建设时，面临着企业发展扩大生产基地与组建国家标准实验室的需求，为了减少工业生产对环境的压力，提高生产办公环境舒适度，集约高效地利用各类资源，项目以"绿色工业建筑"为突破口，将绿色生产理念作为企业发展核心竞争力。

· 集成绿色建筑技术

　　项目在结构体系、环境设备、室内污染控制和自动化管理等方面，采用了多项绿色建筑技术。在能效利用方面，充分利用被动式节能技术提高建筑的自然采光和通风效率，并以自动化手段利用生产余冷余热提高室内环境质量；在节水方面，充分利用生产过程中产生的循环水，采用喷灌式方式浇灌绿化；在建筑节材方面，主体结构采用工厂预制构件，大量使用可循环材料等绿色建材。

鸟瞰图

利用余热的工位送风空调器

固体废弃物临时堆场和分拣中心

立面大量开窗增强自然通风

建筑南向遮阳棚减低夏季得热

遍布屋面的采光天窗保障昼间采光效果

隔声房、减振垫等降噪设施

· 高效绿色运营管理

实行标准化环境和健康安全管理，通过能源管理中心收集所有用电设备的能耗信息，并进行分析，用以调整和优化机器设备运转状态。绿色节能技术的应用为工厂带来了实实在在的效益，据统计分析，2012 全年建筑用能耗（厂房内照明、空调和管理办公）仅为 2.24kgce/（$m^2 \cdot a$），占全年总能耗的 3.7%，单位产品取水量（包括厂房内实验、生产、生活用水和厂房周边绿地用水）为 0.204t/ 套，厂区循环水使用率达到 98.7%。

■ **示范意义**

南京天加空调厂是全国首个获得三星级运行标识的绿色工业建筑项目。项目建成投入生产后，工厂的非生产能耗比传统厂房低 42%，每年可节约运行费用约 39 万元。项目为编制国家《绿色工业建筑评价标准》提供了研究案例。

案例撰写：李湘琳 ／ **材料提供**：周向阳、张子杰

绿色工业建筑新地标：
苏州市友达光电（昆山）厂房

项目规模：用地面积 89.0 万 m²　　　　**建设单位：**友达光电（昆山）有限公司
　　　　　　建筑面积 66.3 万 m²　　　　**设计单位：**深圳市国际印象建筑设计有限公司
　　　　　　建筑高度 24.0 m　　　　　　**施工单位：**中建一局集团建设发展有限公司
建设时间：2010—2015 年

■ 案例创新点

工业企业生产能耗、水耗大，节能减排潜力巨大。友达光电采用制定能源利用方案、采用高效节能设备、提高水源利用率等综合措施，实现了可观的节能减排效益。

苏州市友达光电（昆山）厂区在行业中率先使用能源管理平台，是全球第一家获得 ISO50001 能源管理系统认证和 ISO14045 生态效益评估的制造业者，为产业树立了标杆。

■ 案例简介

·多措并举，实现工业建筑节能减排

工业企业生产能耗、水耗大，节能减排潜力巨大。友达光电采用制定能源利用方案、采用高效节能设备、提高水源利用率等综合措施，实现了非常可观的节能减排效益。

厂区屋顶铺设太阳能光伏发电系统，装机容量 5MW，光伏板面积 6.6 万 m²，每天发电约 1.3 万 kW·h。建筑使用高能效空调、锅炉设备，并采用变频及热回收节能运行技术节约空调能耗。生产车间采用高效空调系统减少制冰机能耗；无尘室采用新型无尘滤网节约空气循环耗电；采用超级电容充分利用散逸的电能；制冰机及空压机应用热回收系统；利用太阳能光热系统制备生产用热水。采用废水回用和多段水利用等技术提高水资源利用率，满足生产用水要求。

厂区鸟瞰图

办公楼夜景

· 智能化高效生产管理流程

企业设能源、水资源、职业健康、安全及环境保护组织机构和管理部门。生产管理中不断优化内部物流体系，原物料运输过程全部实现自动控制，采用无接触式给电系统进行运转。运输车辆采用环保电动叉车。建立符合生产工艺和工业建筑特点的能源管理系统，功能完善，运行稳定，并有定期检查记录。

· 体现文化情怀的现代化工业厂区

虽然是生产高科技产品的现代化工业厂区，仍然追求城市文脉与文化传承，用形态不规则的生态池和各单体间的连廊体现＂小桥、流水、人家＂的传统意境。设计中的餐厅使用苏州园林建筑常用的白墙黑瓦元素，穿插以充满现代感的玻璃连廊，既塑造了开放通透的交流空间，又呼应了办公楼形象，还体现了企业尊重传统，创新发展的导向。

■ 示范意义

友达光电（昆山）厂区突破了传统工业建筑刻板和缺少美感的形象，建立了昆山绿色工业建筑地标。厂区以大规模太阳能光伏发电系统作为节能主导方案，是非常适合工业建筑的节能方式。综合利用多种节能节水措施和先进生产工艺，达到行业领先水平。2017 年，年单位产品面积综合能耗 79.92kgtce，废水产生量 $2.87m^3$，远低于友达光电新加坡工厂单位产品面积综合能耗 161.70 kgtce，废水产生量 $3.89m^3$ 的指标。项目 2018 年获得"三星级绿色建筑标识"，并于同年获得"江苏省绿色建筑创新奖"二等奖，对于推动创建绿色工业建筑具有重要示范作用，以及高星级绿色工业建筑的技术应用具有重要参考价值。

案例撰写：游正男、杨 平 / **材料提供：**李湘琳

绿色理念的高效环保工厂：
苏州三星薄膜晶体管液晶显示器项目一期主厂房

项目地点：苏州工业园区　　　　**设计单位：**世源科技工程有限公司
建设时间：2014—2016 年　　　　**施工单位：**江苏江都建设集团有限公司
项目规模：总建筑面积 34.53 万 m²

■ 案例创新点

　　苏州三星薄膜晶体管显示器项目一期主厂房在设计、建设、运行等各个阶段，始终秉持绿色环保高效的理念。在设计建设阶段选用高性能围护结构系统和高效率设备，为节能管理打好基础；在生产运行阶段做好水资源循环利用，降低污染物的生成和排放，保证工厂的生产环境相容，降低对周边生态环境的影响。

■ 案例简介

·高舒适度的生产环境

　　作为高精尖技术产业，为保证产品质量，厂房的室内环境有着相当严苛的标准要求。为此，生产厂房的外墙和屋顶采用了高性能外保温系统，同时运用高效的暖通空调系统，使得生产线室内温度始终保持在 23℃、相对湿度 55% 左右，室内风速小于 1m/s。同时生产场所的噪声值均低于 52.6dB。舒适的生产环境，保证了生产人员和机器的高效运作。

项目全景

· 有效节水措施和污染控制

光电产业水资源消耗量大，在设计和运行中采用了多种节水措施，大大节约了水资源。生产过程中收集各工段的超声波清洗用水，通过澄清、过滤后回收利用，经反渗透处理的回收水用于冷却塔的补水，达到中水标准的回收水则用于厂区和厕所的卫生清洁，水资源循环利用率达到95%。厂区内全部采用节水型卫生洁具，同时加强用水管理，配置流量计、水表等计量设施，对各用水装置实行定额管理，严格控制水资源消耗。

此外，工厂严格按照环境标准进行废气、废水、固体废弃物、噪声和光污染控制，各项指标均达到了当地环保要求。

· 高效的运行管理

管理体系及制度：工厂设置了一套完整的管理体系，与能源管理相关的一级部门中的能源管理、能源计量等专业都取得相应的资质证书，并定期进行培训和考核。

能源管理：工厂建立了电力需求侧管理平台，可实现电力系统数字化、可视化、信息化、网络化和自动化管理。

公用设施管理：工厂设置了一套分布式监控系统对厂区内的公用设备进行监控，保证设备正常运行。生产工艺设备自带自控系统。定期对厂区内设备进行数据整合分析，记录完整。

水循环利用系统

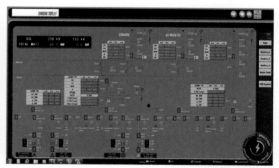
设备运行监控系统

■ **示范意义**

苏州三星薄膜晶体管液晶显示器项目一期主厂房，通过有效的生产管理，在保证环保要求的同时，做到了节能生产，单位产品的能耗量为韩国工厂的44%，耗水量是韩国工厂的38%。该项目获得了三星级绿色建筑标识，成为绿色工业建筑中的优秀典范。

案例撰写：管　勇、尹海培　**/　材料提供：**管　勇

从 绿 色 建 筑 到 绿 色 城 市

From Green Building
to Green City

08

绿色农房

农房绿色更新与乡村人居环境改善实践：
苏州·昆山花桥天福村农宅的绿色转型

项目规模： 7 栋农宅，建筑面积共 1530m²   **设计单位：** 江苏丰彩节能科技有限公司

改造时间： 2010 年 6 月 ~2011 年 5 月   **施工单位：** 昆山市金都建设有限公司

建设单位： 江苏花桥国际商务城创业投资有限公司

■ 案例创新点

以"自然之美、城乡一体，绿色集成、和谐共享"的理念，实施农宅的绿色更新和乡村人居环境改善。针对置换回收的农宅进行安全和保留价值评估，将绿色改造与房屋修复、功能改造相结合，并在充分尊重苏式传统聚落风貌的前提下，进行外墙的采光与材料更新，室内以被动式手法搭配科技设备实现采光与空气调节，探索实践了农房绿色更新与乡村人居环境改善的具体路径。

■ 案例简介

· "量体裁衣"式的绿色改造方案

在开展安全性能评估的基础上，对天福农宅中结构较为安全稳定的 5 栋房屋进行更新，将绿色改造与房屋修复、功能改造相结合，实现 50% 建筑节能标准；对结构安全性较差的 2 栋，按 65% 建筑节能标准进行设计重建。根据建筑结构评估结果，对楼梯进行加固；对屋面部分，加固后铺设保温防水材料和屋面小青瓦；对建筑墙体，针对性应用加固方法后再进行相应的节能改造工序。

同时，开展综合景观整治，进行河道和池塘疏浚，系统规划完善江南水乡景观特色，雨水自然入渗后引导至蓄水池回收利用，减少地面径流对环境的影响。

鸟瞰图

传统农宅更新后与江南水景相融合的风貌　　　　　　　　　　　　　传统农宅更新后实景

通过整体建筑改建以及周边环境景观的整理，打造新型功能的、绿色节能的新农宅建筑群落。通过引入文化创意、生态旅游和康健养生等低碳产业，呈现江南水乡风貌。

·"综合集成"式的绿色技术应用

根据项目特点和功能需求，优选并综合集成了 23 种适宜技术，形成了"二节四利用"的技术体系，即主动式节能和被动式节能，旧建筑再利用、废旧材料再利用、可再生能源利用和水资源综合利用。

在被动式节能方面，除了常规建筑的围护结构节能设计外，还结合民宅特色进行了阳光房设计，利用太阳光的照射通过对屋内气流走向的设计，使屋内达到冬暖夏凉的效果。在主动式节能方面，除了高效变频多联机空调，还设置了分项计量管理系统，实现运行能耗的有效监管；在民宅的六角阁楼设置了太阳能光电供应室内、庭院照明；用 LED 灯替代传统灯具；屋顶设置了太阳能热水系统，采用了节水式马桶、水泡龙头，用水量降到一般水龙头的 50% 以下。同时，结合景观综合整治设置了沼气池，提升了对有农村有机废弃物的处理，节能厨房从灶具到灯具全部使用沼气，沼液和沼渣也可以在有机农业中得到应用。

■ 示范意义

昆山花桥天福农房绿色更新与乡村人居环境改善实践，以农宅绿色改造的"点"，串起乡村人居环境改善的"面"，重点突出地方特点、文化特色和时代特征，充分保留了乡村特有的民居风貌、农业景观、乡土文化，示范意义显著。

案例撰写：祝一波、朱殿奎、沈志明 / **材料提供**：何海峰、朱灿银

民生导向的农房绿色改造：
南京江宁淳化街道青山社区上堰村农房绿色改造

项目规模：1号农房 118.57m²　　　设计单位：江苏东方建筑设计有限公司
　　　　　2号农房 208.54m²　　　施工单位：江苏省建筑科学研究院有限公司
　　　　　建筑高度 8.5m　　　　　　　　　　江苏建科节能技术有限公司
改造时间：2016年7月~2016年12月　工程投资：640万元（农房改造成本约20万元/户）

■ 案例创新点

南京江宁淳化街道青山社区上堰村农房绿色改造，充分考虑当地自然资源和气候条件，适应农民生产生活需求，针对既有农房建筑的屋面、墙面等建筑围护结构，研究并实践了外墙外保温、更换高性能遮阳一体化外窗等一系列适宜现代农宅的、具有一定传承性的绿色改造策略和方法。

■ 案例简介

·打造舒适宜人的乡村环境

上堰村以"水利文化"为切入点，通过生态保护、土地整理、文化挖掘等措施，还原乡土本色，打造包括水利文化科普基地、水上运动基地、山地骑行、特色驿站等具有鲜明自然基质特色的新农村。村内广场地面改造前容易扬尘，影响农民的居住生活；道路为普通夯土路，下雨天路面积水严重；道路两侧绿化未进行统筹设计，风格体系不统一，缺少自然情趣。改造后的邻里广场干净整洁，为村民提供了良好的聚会交流场所；道路两侧绿化虚实结合，营造了恬静安然的乡村生活氛围；整治村内臭水沟，因地制宜增设景观小品，丰富村内景观层次。

·导入低价高效的绿色技术

针对农房室内热环境差、舒适度不足等诸多问题，结合户主需求，经多次沟通和测试研究，制定低成本的适宜绿色改造方案，主要通过外墙外保温、更换高性能遮阳一体化外窗等措施实现农房绿色改造，综合成本约10万元/户。对农房改造前后室内环境测评显示，改造后

1号农房及其院落改造前后对比

邻里广场改造前后对比

2 号农房及其院落改造前后对比

通风屋面　　　　　　中置遮阳百叶窗　轻钢龙骨保温隔热一体化吊顶

冬季农房室内温度较改造前提高了 2℃、室内相对湿度降低了 3%，室内温湿度均有改善。

■ 示范意义

农房的绿色化改造是一项重大的民生工程，对改变城乡面貌、改善农民居住环境具有重要意义，农村住宅应在适应当地农村人口就业及产业特点的基础上，重点提高居住生活的舒适度、便利性。本项目将农房绿色化改造实践与美丽乡村建设有机结合，通过采用低成本、高效灵活的绿色技术措施，改善了农民居住环境，起到了良好的示范作用。

案例撰写：祝一波、杨 玥 / **材料提供：**杨 玥

从 绿 色 建 筑 到 绿 色 城 市

**From Green Building
to Green City**

09

绿色更新改造

历史建筑绿色化改造：
南京·江苏省人大机关综合楼

项目规模：用地面积 4 万 m²
建筑面积 0.71 万 m²
建筑高度：15.8m
建设时间：2010—2012 年

建设单位：江苏省人大办公厅
设计单位：江苏省建筑设计研究院有限公司
江苏省建筑科学研究院有限公司
施工单位：南通四建集团有限公司

■ 案例创新点

江苏省人大机关综合楼是全国重点文物保护建筑，在改造过程中保留了建筑原有的历史风貌，综合考虑节能效果、经济效益、美观等因素，对建筑墙体、机电设备、室外环境等综合诊断、综合施策进行改造，达到了改善室内外环境，提供健康、适用的使用空间，改造后大幅度提高了办公室内环境质量，实现了节约资源、保护环境、减少污染的目标。

■ 案例简介

· 改造的同时保护建筑历史风貌

江苏省人大机关办公建筑属于历史保护建筑范围，该项目的改造不能破坏建筑原有立面风格，因此需要有针对性地对建筑围护结构进行节能改造。为满足不破坏建筑外立面和防火的要求，将外墙保温材料由外转内，采用外墙内保温形式，结合项目室内装修，在外墙内侧敷设玻璃棉和厚石膏板，使外墙隔热效果达到 65% 节能率的要求。

· 改善环境的同时提升舒适度

综合楼原办公和生活环境较差，外窗气密性差、建筑西南侧外窗西晒严重，原空调系统老化，效果性能不佳，室内环境舒适度较差。通过本次改造，将原外窗全部更换为断桥铝合金 Low-E 中空玻璃窗，并在西侧安装铝合金百叶卷帘外遮阳，并通过更换空调系统及新风系统，各房间空调末端灵活调节，室内热湿环境和舒适度得到大幅提高。室外增大了场地绿化面积，

建筑立面

屋顶绿化

室外绿化

活动外遮阳

太阳能热水集热器

能耗计量设备

VRV 机组

文物保护单位

绿地率由原来的 34% 增加到 40%，屋面进行部分屋顶绿化，室外环境得以提升，另外通过设置较高的绿化屏障和高性能隔声外窗，有效的隔声降噪，改善了场地和办公空间声环境。

·设备改造优先考虑节能效果

综合楼改造对重点用能设备进行了更换，对老化设备系统进行更换，采用变冷媒流量多联机系统，并配置 14 台全热交换器新风机组；更换节能灯具和节水器具；屋顶设置 8t 热水箱及 160m² 太阳能集热板，采用热水锅炉辅助加热后供水等重点用能设备改造。另外，对建筑用电、用水、用气进行分类分项计量，使得改造效果可测、可考、可感知。配合适当的节能管理措施，项目能耗逐年降低，年节约用电约 30 万 kW·h，节能效益显著。

■ 示范意义

该项目妥善地解决了历史建筑保护和使用性能提升的矛盾，在不改建筑外立面的前提下，做到了建筑安全性和舒适性的提升，达到了"健康舒适"的改造目标，获得了良好的经济、社会、环境效益。

案例撰写：魏燕丽、尹海培 / **材料提供**：江泽鹏、胡传阳

内外兼修实现建筑风貌与性能双提升：
徐州淮海文化科技产业园

项目规模：用地面积 6.1 万 m²　　　　**建设单位**：徐州工业职业技术学院大学科技园有限公司
　　　　　建筑面积 3.4 万 m²　　　　　　**设计单位**：徐州市建筑设计研究院有限公司
　　　　　建筑高度 24.3m　　　　　　　　**施工单位**：江苏海洋建筑装饰工程有限公司
建设时间：2014 年

■ 案例创新点

　　徐州淮海文化科技产业园按照"政府支持、行业指导、学校主体、企业融入"的多元合作模式，通过统一规划设计改造将黄河校区建成"两园两基地"—产业集聚的淮海文化科技产业园、大学科技园，服务学生的大学生创业基地、生产性实训基地。项目"内外兼修"，注重建筑风貌与建筑性能双提升。改造设计为民国建筑风格，辅以坡屋顶设计，体现"中心区域化"概念，构筑"多样化办公空间"，创造出"多元复合功能"的文化科技产业区。因地制宜采用可行的绿色节能改造方案，综合采用围护结构保温隔热、电气照明节能降耗、可再生能源利用、能耗分项计量管理等成套改造技术，提升了建筑品质，提高了办公环境质量，为后续招商引资人才培训提供了良好的硬件条件。

■ 案例简介

·彰显规划布局多元化，以人为本，更有特色
改造前的园区以原有老校区建筑色调为主，整体白灰相间，楼栋之间格调单一，道路交错，

改造前鸟瞰图

自然景观单调无序，视觉混乱。改造遵循"以人为本"的原则，整体规划设计为浓郁的民国建筑风格，灰与红相间的色调，鲜红的 LOGO 图案，辉映变幻多样的装饰风格，突出勇于创新、朝气蓬勃的内涵，既彰显徐州南北通融、历史醇厚的特色，又提升了城市景观形象。通过空间界面的精心设计、人性化处理，闹静分区，人车分流，创造出具有多元复合功能的文化科技产业园，为企业营造温馨诗意般的个性化办公新环境。

·推进运营机制高效化，绿色改造，更加节能

改造前各系统采用的是老式运行管理方式，人工管理，单独运行，职责重叠，无法实现系统性检测管理，能耗消耗比重大，转化效率低。改造后采用成熟的绿色化改造技术体系，在围护结构、照明、能耗分项计量以及可再生能源建筑应用等方面进行了系统改造，改造后每年可节约标煤 449.2t，节约用电量 140 万 kW·h，节约费用 75.5 万元。

·实现社会效益最优化，创新服务，更加高效

改造前项目只具备基本的运营服务功能，缺乏系统性服务机制，不能满足创业创新企业的多元化发展要求。改造后建成了涵盖创业苗圃 - 孵化器 - 加速器 - 产业集群四个阶段的全方位企业服务体系，已入驻孵化科技型企业 86 家，其中大学教师创业企业 14 家、大学生创业企业 56 家，上市企业 4 家、省高新技术企业 3 家，实现直接经济收入约 14 亿元，间接带动链条产业实现收入近百亿元，接纳就业近 3000 人。

改造后鸟瞰图

园区内景

■ **示范意义**

淮海文化科技产业园是徐州市 2013 年"三重一大"项目，总投入近 5 亿元，注重"内外兼修双提升"。设计先行，采用民国建筑风格和坡屋顶设计，最大程度提高了办公环境质量，提升了城市景观形象。因地制宜采用成熟的绿色节能改造技术体系，严控施工质量，最大限度节约自然资源、降低能耗；实际运营，通过健全的组织管理体系，利用先进的能耗分项计量监管平台，全过程监管，全面提高能源利用效率。徐州工业职业技术学院（黄河校区）改造升级为科技创新创业园区后，社会、经济及环境效益显著，2016 年获批为"国家级科技企业孵化器"。

孵化器（原 1 号教学楼）

餐饮中心（原食堂）

加速器（原 2 号教学楼）

案例撰写：刘 磊、赵 帆 / **材料提供：**杜庆深、刘 伟

工业厂房变身绿色建筑：
苏州·启迪设计集团办公楼

项目规模：用地面积 1.9 万 m²　　　**建设单位：**江苏赛德设计有限公司
　　　　　建筑面积 1.3 万 m²　　　**设计单位：**启迪设计集团股份有限公司
　　　　　建筑高度 15.8m　　　　**施工单位：**浙江舜江建设集团有限公司
建设时间：2009 年

■ 案例创新点

　　启迪设计集团（原苏州市建筑设计研究院）办公楼是既有工业厂房绿色改造再利用项目，将旧厂房改造成为创意研发的新空间。启迪设计遵循自然、经济、可推广的原则，确定了"六个生态主题、多样化创新技术"的实施路径，采用切合环境实际的绿色节能设计方案以及自然采光、自然通风、生态遮阳、雨水回用、资源再生利用、能量分项计量 6 项成套技术，将生态、节能、经济与"四节一环保"融入整个项目的设计、改造和运行管理中，并注重对运行数据的收集、整理、分析，延长了建筑使用寿命，大大节约了资源、减少了碳排放。

■ 案例简介

·空间集约利用

　　结合原有建筑现状和苏州自然条件，保留了旧厂房 95% 的主体结构，避免了大拆大建、施工扬尘、噪声等对周边的影响。同时充分利用原有工业建筑层高较高、荷载设计值较大的特点，在原结构中添加了一层楼板，使总建筑面积由原来 6700m² 增加为 13100m²。

鸟瞰图

建筑外观

· 综合品质提升

应用墙体自保温、太阳能光导照明、门窗节能、生态遮阳、立体绿化等绿色建筑技术，改善了建筑自然通风、自然采光条件，降低了建筑能耗。原先呆板的工业厂房升级为宜人的创意办公园区，为员工提供了舒适、健康的工作环境。

· 运营管理高效

结合公司加班多、使用率不等的工作特点，设计采用高性能空调设备，可根据室内二氧化碳浓度对新风系统进行节能控制。同时结合能耗分项计量系统对建筑内各种耗能环节如空调、照明等按部门单独计量，并将数据传送至物业部门，实现能耗可测算和易控制。此外，在建筑南侧空地应用了雨水回用系统并高效运营，每年可收集处理雨水量达 5000t。

· 功能转型升级

项目从传统工业向现代服务业转型后，土地年亩产利税从 74 万元/年增加到 203 万元/年，土地利用的经济效益大幅上升。

■ 示范意义

启迪设计集团办公楼改造成本仅为新建成本的 42%，却实现了土地使用率增加近 1 倍、土地亩产利税增长近 2 倍、单位建筑面积能耗下降 1/3 的综合效益。启迪设计集团办公楼改造项目在设计过程中，采用最切合实际的绿色建筑改造方案，运用较为成熟的绿色技术，而非新材料、新技术不合理的堆砌，使之成为可推广、可借鉴、可应用、可复制的工业厂房变身为现代绿色创意研发办公建筑。该项目获得了"全国绿色建筑创新奖二等奖""江苏省第十五届优秀工程设计一等奖""三星级绿色建筑标识"等荣誉。

改造前东立面

改造后东立面

改造前室内单层空间

改造后室内双层空间

利用回收雨水的景观水池

利用改造天窗采光的会议室

屋顶花园

案例撰写：赵 帆 / **材料提供：**吴 昊、邹 枫

绿色技术助力实体商业升级改造：
南京金茂汇

项目规模：占地面积 3.8 万 m²
总建筑面积 45 万 m²
建筑高度 167m
改造时间：2013—2015 年
建设单位：南京国际广场购物中心有限公司

设计单位：南京市建筑设计研究院有限责任公司
江苏省建筑科学研究院有限公司
施工单位：江苏省工业设备安装集团有限公司
江苏建华建设有限公司

■ 案例创新点

南京金茂汇结合建筑原貌，综合考虑节能、舒适和经济效益，选择适宜的绿色化技术对既有商业建筑进行绿色化改造。根据项目特色与使用功能合理优化室内外环境、灵活运用水源热泵空调系统、雨水回收利用系统；探索建立绿色商业运营管理机制和管理模式，走出了一条绿色环境效益与商业效益共同提高的可持续发展之路。

■ 案例简介

·绿色化适宜技术在商场改造的应用

结合项目使用特点，权衡优化和总量控制，从节地、节能、节水、节材、室内环境、施工、运行等多方面衡量技术的优劣。采用幕墙改造、建筑立面大量使用立体绿化、雨水收集与景观补水系统融合、室内外环境优化控制、暖通空调系统改造、照明系统功能提升、分项计量和智慧管理等一批绿色化技术。从经济性、适宜性等方面入手，形成了商业建筑绿色化改造技术体系。

建筑外形

建筑外立面

垂直绿化

屋顶绿化

下沉式庭院

内景

·商场功能提升与绿色改造的结合

通过对地下一层和下沉式广场的整体改造，提升了地下一层和下沉广场的商业性能，提高购物中心的服务功能和购物体验度，高效合理利用空间资源，灵活隔断大空间，避免大拆大建，减少资源浪费，且不增加改造费用。提升商场的绿色性能。

·智慧运营系统与科学管理的融合

通过建立健全的智能化控制系统和楼宇自控系统，实现对楼宇机电设备的集中控制和科学管理。配备齐全的智能化控制系统和楼宇自控系统，包括电梯五方紧急对讲系统、视频监控系统、智能一卡通系统、水电远传计量系统及全空气空调系统的控制、新风系统的控制、水环热泵机组控制、排风系统风机变频控制、灯光智能控制等。

项目绿色化改造中，探索建立绿色商业建筑运营管理机制，试点示范绿色运营管理模式，提高了商场的运营水平。

■ **示范意义**

通过多种绿色技术的合理构筑，使建筑在全寿命周期内，提供健康、舒适的使用空间，提升了消费者的购物体验并达到节约资源、保护环境、减少污染的目的。年节约电量约 317 万 kW·h，年节水量约 5500t，折合年节约标煤约 1000t。通过与顾客需求的科学结合，营造了健康舒适、自然生态、高效节能、科技文化的绿色商场。

案例撰写：陈　龙、尹海培　/　**材料提供：**高伟诚、袁　浩

经过绿色化改造的健康适老建筑：
常州玖玖江南护养中心

项目规模： 总用地面积 0.63 万 m²　　**建设单位：** 常州顺康养老投资管理有限公司
　　　　　 建筑面积为 1.1 万 m²　　　　**设计单位：** 江苏筑森建筑设计股份有限公司
　　　　　 建筑高度 23.4m　　　　　　　**施工单位：** 常州第一建筑集团有限公司
改造时间： 2015—2016 年

■ 案例创新点

常州玖玖江南护养中心从老年人的生理、心理及安全需要出发，对场地环境、围护结构、能源系统、自然通风和采光等方面进行模拟优化与技术经济分析后，对建筑围护结构、暖通空调系统、照明系统等进行了综合改造。为老年人提供安全、方便、舒适、健康的社区养老环境，营造"老人、建筑、环境"之间的和谐关系。

■ 案例简介

本项目在改造前为 KTV 娱乐用房，经过绿色化改造后，成为钟楼区玖玖江南护养中心，主要用于失智失能照护、社区卫生站、日间照护站以及居家护理站等，形成了"医护康养"的整合照护中心。

· 提高建筑保温性能

以"恢复原有设计"为建筑外立面的改造原则，拆除违章搭建，并在此基础上加入适老建筑的元素及特点，进行优化，力图创造简约大气不失温馨的适老化建筑风格。原建筑的外围护结构未采用节能保温措施。改造后，外墙与屋面均增设了保温系统，提高建筑外墙与屋面的热工性能；外窗由原来的单层玻璃外窗改为断桥铝合金中空玻璃外窗，既增加的外窗的隔热性能，又增加了隔声性能。

改造后入口

改造后外立面

节能灯

老年活动室

智能监控系统

· 增加自然通风与采光

原建筑整体围和封闭，几乎完全采用人工采光与通风，不适于老年人的健康生活。为了进一步利用自然资源，构建亲近自然的建筑室内环境，拆除遮挡项目外窗采光和通风的构件，扩大了开窗面积，并在建筑裙房上设置下沉式庭院，促进项目的自然采光和自然通风效果。改造后，二、三层通风换气由 2.8 次提升到了 4 次，增加了 42.8%；室内所有房间的自然采光均满足健康建筑的要求。

· 全方位智能监控系统

增设建筑设备监测管理系统，通过现代化通信技术、嵌入式技术和大型数据库技术，实现对建筑暖通空调、照明、动力等系统的运行状况和能耗进行数据采集、处理和上传，保障建筑所有设备的安全稳定高效运行。

根据老年人的活动特点，设置了视频监控、紧急呼叫等系统，保证老年人在生活中发生意外状况时能够被发现第一时间，尽快组织救援，保障老年人安全健康。

■ 示范意义

我国老龄化正在加剧，越来越多的老年人需要一个适老的生活环境。本项目通过绿色化改造，获得了"二星级绿色建筑设计标识"，为老年人提供一个舒适、安全、便捷、健康的社区养老环境。本项目将养老建筑的绿色节能改造技术和理念与社会共享，让更多的人通过实地参观和体验达到绿色理念的普及。并将绿色养老改造的实践研究成果向社会进行推广，可作为公共建筑开展适老化改造的参考模板。

太阳能热水系统改造前后对比

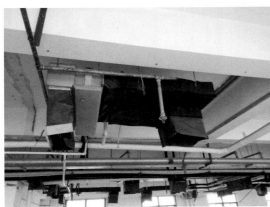

空调系统改造前后对比

外窗改造前后对比

案例撰写：童山中、尹海培 / **材料提供：童山中**

既有住宅区绿色化改造：
镇江三茅宫二区

项目规模：用地面积 3.8 万 m²　　　**建设单位：**镇江市给排水管理处
　　　　　建筑面积 6.2 万 m²　　　　　**设计单位：**江苏中森建筑设计有限公司
　　　　　建筑高度 16.8m　　　　　　　　　　　江苏省建筑科学研究院有限公司竹木所
建设时间：2014—2017 年　　　　　**施工单位：**江苏镇江建设集团有限公司

■ 案例创新点

　　镇江三茅宫二区住宅项目以绿色生态、因地制宜、经济适用的改造理念，结合镇江本地气候特征，从环境舒适性、技术适宜性、模式可复制性入手，深入分析老旧住宅的"绿色水平"与当代建筑的"绿色需求"的差距，确定了以"装配式木桁架平改坡技术"为核心的外围护体系节能改造，以"海绵城市建设"为依托的场地生态改造两大重点环节。项目在降低既有建筑能源、资源消耗水平的同时，体现了建筑宜居性的重要人文内涵，实施过程中所建立的全过程沟通管理机制，确保了改造工作的顺利进行。

■ 案例简介

· 综合提升建筑品质

　　项目因地制宜地采用了"装配式木桁架平改坡技术"（改造面积 11800m²），通过工厂预制、快速化现场拼装等技术措施，合理地规避了老旧小区改造因场地局限性、复杂性和多样性带来的工程难题，改造后屋面防水、排水、防潮、防腐、隔音、保温、隔热性能均有大

公共休憩空间

幅提升。外墙所采用的"喷涂节能改造技术"（改造面积 60810m^2）经济适宜，改造后建筑立面渗漏缺陷基本得以修复，保温、隔热性能显著提高。外窗采用塑钢材中空玻璃窗（改造面积 4412m^2）替换原有老旧外窗后，热损失可减少约 70%，隔音性能有质的提升。通过以上技术措施的综合实施，建筑的冬季室内平均温度可高出 4~6℃，夏季室内平均温度可降低 4~5℃。

· 因地制宜添"海绵"

针对小区绿化分散等不利因素，项目通过下凹式绿地、雨水花园、透水铺装、屋面绿化（约 700m^2）、局部雨水储罐（约 30 个）、径流监测系统（一套）的合理穿插，全面完成了"镇江市海绵城市建设"的指标要求。改造后小区的防水排涝能力明显提升，暴雨季常见的内涝、积水问题基本消除。绿化水平的综合提升削弱了小区内热岛效应，节约了绿化用地，增大了户外活动场所遮阴面积，对改善小区内微环境、加强居民与公共休憩场所的交互均起到了积极作用。

建筑外观

下凹式绿地

装配式木桁架

雨水储罐

用户回访

· 建立长效管理机制

项目围绕"惠民工程"，建立了以建设单位负责，政府部门监管，居委会及小区物业管理单位联动的长效管理机制。工程改造实施前，坚持入户调查（共计 865 户）的工作准则，积极开展项目宣传，解答住户疑虑。项目实施过程中，加强对施工单位的管控，杜绝了安全事故和扰民事件的发生。项目结束后，及时进行回访调查，并通过径流监测系统等科学手段掌握项目实际运行动态。

■ 示范意义

项目在关注建筑综合品质的同时，同步实现了建筑低能耗、材料低损耗、场地高利用率、雨水合理利用等既定目标，使老旧小区的绿色改造发挥出建筑绿色化最大的潜能，显著地提升了小区宜居水平和群众生活品质。据统计，项目改造后建筑综合能耗从 32.6kWh/m² · a 降至 19.6kWh/m² · a，建筑物实际节能率可达 63.3%，整体年节能量约 79.9 万 kW · h，折合标煤 266.5t。项目于 2015 年获得了"省级节能减排专项引导示范项目"称号，同时被纳入中国与加拿大共同推广现代木结构建筑技术的示范项目。

案例撰写：杨 帆、黄志巍 / **材料提供**：刘 洋、孙 莹

拾年
十年
·2008-2018·

从 绿 色 建 筑 到 绿 色 城 市

From Green Building
to Green City

10

绿色生态城区

从产业园区到现代化城市新中心的蝶变：
苏州工业园区

项目规模：用地面积 278km²　　**绿色建筑发展**：绿色建筑标识项目 172 个，总建筑面积
创建时间：2012—2015 年　　　　1403.3 万 m²。其中二星级及以上绿色建筑占比 91.0%，
　　　　　　　　　　　　　　　　总建筑面 1306.0 万 m²，绿色建筑运行标识项目 13 个

■ 案例创新点

　　苏州工业园区是中国和新加坡两国政府间重要的合作项目。园区围绕"城市布局紧凑、
生态环境友好、资源能源节约"的发展目标，充分借鉴新加坡成熟的城市规划模式，始终坚
持以高起点规划引领高水平开发。遵循"三分规划，七分管理"的实施原则，在产业城市融
合发展、绿色市政基础设施建设、绿色建筑发展机制、开发建设金融模式等方面发力创新，
通过建设与产业发展不断提升园区在苏州市的首位度，打造了产业经济发达，生态环境优美，
生活环境宜居的城市新中心。

■ 案例简介

　　· 规划先行，产城融合引领发展

　　园区在开发之初就形成了从概念规划、总体规划到控制性详细规划和城市设计以及相
配套的规划管理技术规定等一整套严密完善的规划体系，制定了 300 多项城市和专项规划，
实现了一般地区详细规划与重点地区城市设计的全覆盖。通过紧凑有序地布局城市生产、生
活和生态功能，为建设绿色生态城区打下了坚实的基础。园区以工业立身，通过不断升级产
业层次推动发展定位提升，并通过规划调整不断优化产城关系，成为以知识产业和商贸服务
业为主要产业发展方向，城市人口和高端科技管理人才向往的聚居之地。

金鸡湖湖西片区鸟瞰　　　　　　　　　　　月亮湾夜景

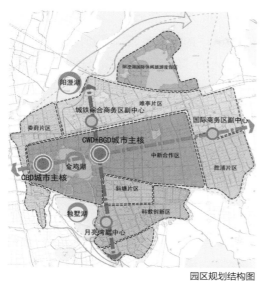

园区规划结构图

园区用地规划图

· 集约发展，绿色市政设施集成示范

为了给可持续发展提供长效支撑，园区注重绿色市政基础设施的规划与集中实施，通过集成技术，集聚示范，建成了一批省内领先的绿色市政基础设施示范项目。园区在月亮湾区域建成了集中供冷供热中心与公交首末站、社会停车场于一体的新型市政综合体；将污水处理厂、污泥干化厂和热电厂三个市政项目集中布局，建成处理能力达 3 万方 / 日的两个中水回用项目，日处理 300t 湿污泥的污泥干化项目，有效实现了资源的循环利用和共建共享。园区还完成了 7.5km 的桑田岛综合管廊建设，包括"常规公交—轨道交通""公交—自行车"等多种类型的交通方式和换乘枢纽的绿色交通出行体系，这些项目节约了土地资源、投资建设成本，对优化城市环境、提升运行管理效率、促进城市的可持续发展具有重要意义。

· 机制创新，绿色建筑全面推进

绿色建筑发展一直是园区规划建设工作的重要内容之一。园区早在 2004 年就借鉴美国、新加坡等国外先进经验，结合园区实际积极研究绿色建筑相关政策，并于 2006 年颁布了《园区绿色建筑评奖办法》。2007 年又成立了以管委会主任为组长，各局办主要负责人为成员的节能减排（建筑节能）工作领导小组，基本形成了齐抓共管、协同推进建筑节能与绿色建筑工作的局面；并于同年启动了绿色建筑"1680"工程计划，通过设立 1 项发展基金、出台 6 项扶持政策、推行 8 大节能技术、建设十大亮点工程，全力推动打造高效低耗、健康舒适、生态平衡的绿色建筑发展，绿色建筑总量、三星级和运行标识总量全省领先。

·创新金融模式，全面服务园区建设

园区通过政府设立商业性借款机构主体，培育借款人"内部现金流"，同时通过财政的补偿机制，将以土地出让收入等财政性资金转化为借款人的"外部现金流"，使政府信用有效地转化为还款现金流。园区成立"地产经营管理公司"，吸引国开行贷款支持"九通一平"及其后的滚动开发。园区是国内第一家通过发行企业债券募集基础设施建设资金的开发区，在借鉴和吸收国外经验的基础上，大胆探索市政公用事业改革，水、燃气等部分公用事业告别了政府"包办"的历史。同时设立"创业投资基金"，积极引进创投资本，目前园区各类创投基金超过 300 多家，管理基金规模超过 600 亿。

■ 示范意义

二十年来，苏州工业园区始终坚持以绿色理念引导绿色发展，走出了一条集"科技创新、经济循环、资源节约、环境友好"于一体的绿色发展道路。绿色生态城区的系统化推进，助力了园区经济社会环境的高水平发展。园区多次位列中国城市最具竞争力开发区榜首，获批全国首个"数字城市建设示范区"、首批"智慧城市"试点，江苏省级建筑节能与绿色建筑示范区，生态环保指标连续 4 年列全国开发区首位。园区绿色生态发展实践为新时期产业园区转型升级提供了良好的路径和样本。

金鸡湖全景鸟瞰

中新生态科技城（二星运行）

园区档案大厦（二星运行）

园区青少年活动中心（一星运行）

污泥干化厂设备

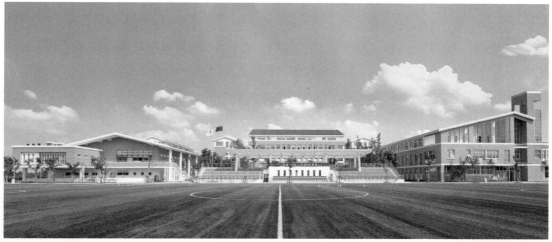
园区青剑湖学校（二星运行）

案例撰写：李湘琳　刘　瑢　/　**材料提供：**徐敏姝

打造疏解老城功能的绿色紧凑"反磁力中心"：南京河西新城

项目规模：用地面积 30km²
建设时间：2012 年至今

绿色建筑发展：绿色建筑标识项目 22 个，总建筑面积 257.5 万 m²。其中二星级及以上绿色建筑占比 78.5%，总建筑面积 202.1 万 m²

■ 案例创新点

南京河西新城绿色生态城区（以下简称"河西新城"）作为疏散南京老城功能、拓展城市空间的承载区，承担着老城区人口疏散的重要责任。河西新城在规划建设过程中始终坚持以人为本，紧紧围绕"绿色、人文、紧凑、集约"的理念，通过高标准的规划设计，全面统筹城区地上地下空间资源、生态环境能源资源、生产生活配套资源等，逐步建成了人居环境良好、城市紧凑集约、建筑绿色生态、设施配套齐全的绿色新城。通过高质量的人居环境建设，吸引高端人才、科技产业进驻，初步形成了疏散城市功能的"反磁力"中心，带动了区域人才发展和产业创新，提升了南京城市首位度。经阶段性评估研究，河西新城现有人口约 46 万，建成区职住平衡指数达到 97.8%。

■ 案例简介

河西新城位于南京市主城区西南部，规划人口 60 万人，规划定位是南京市的商务、商贸、体育、文体等功能为主的城市副中心，居住与就业相协调的中高档居住功能区，以及滨江风貌为特色的城市西部休闲游览地。作为省级绿色生态城区，河西新城始终坚持城市总体规划和控制性详细规划提出的紧凑用地、混合布局、生态优先等理念，围绕如何有机疏散老城区功能的核心问题，在城市空间布局、能源系统、水资源系统、交通系统等方面开展了的绿色实践。

· 绿色生态专项规划引领、建立规划建设管理闭合机制

河西新城在城市总体规划等上位规划系统全面的基础上，组织编制了《南京河西新城能源利用规划》《南京河西新城绿色交通规划》等 8 项绿色生态专项规划和 6 项技术导则，将专项规划嵌入现行城市规划管理体系，并与控制性详细规划衔接，将绿色建筑、可再生能源应用等关键指标纳入规划设计要点，指导绿色生态项目落地。在规划实施过程中，跟踪开展绿色建筑、区域能源系统等动态运营评估，及时查找问题，提出改进措施，提高运营效率。

南部片区鸟瞰图

奥体板块鸟瞰图

·空间布局紧凑混合、生产生活节约高效

河西新城在规划建设过程中注重职住平衡，重点发展现代金融、信息服务、商贸零售等产业，不断吸引城市就业人口迁移，有效降低与老城的"钟摆式"交通，阶段性运营评估结果显示，建成区职住平衡指数达97.8%，倡导商住、商办等混合用地模式，探索形成交通综合体、市政综合体、社区综合体等创新用地混合模式建成区混合用地比例达15.86%，同时坚持土地高强度开发，建成区净容积率1.64，注重地下空间开发，建成区平均地下容积率0.49，有效提升了土地利用强度。

·能源资源集约节约、生态环境宜居宜业

河西新城注重区域能源、水资源、交通等资源的统筹协调，减少现有自然资源的消耗，提升生产生活空间的绿色品质。城区内建筑可再生能源应用比例超过70%，规划建设11座分布式能源站集中为周边建筑供能。新建建筑100%落实雨水回用设施，雨水回用率达到5.22%，在江心洲生态岛实现再生水管网规划全覆盖，建成后每年再生水利用量达到336万m³。构建了包含地铁、有轨电车、公交、公共自行车等组成的复合交通系统，绿色交通出行比例达88%，同时，在规划建设过程中，充分保留原有水面、湿地、绿地等生态基底，建成区人均公共绿地16.9m²，建设海绵型生态公园，公园绿地500m覆盖率达到100%，建设地下综合管廊8.9km，降低地下二次开挖造成的城市环境破坏。

河西新城有轨电车

油坊桥地铁站交通综合体

■ **示范意义**

河西新城在推进城市新区的规划建设中，充分考虑了老城市功能的有机疏散。河西新城的建设相较于老城人居环境更宜人，城市空间更绿色，生活配套更便捷，就业岗位更丰富，吸引更多人到新城中生活工作，从而形成对老城的人口反磁力。通过反磁力的形成，实现了老城的有机疏散。在疏解城市功能之外，通过新城开发建设，推进"金融、科技、信息"等新型产业发展，吸引高端科技人才，驱动新城创新创造活力，实现新城与老城的协调发展。

江苏省绿色建筑和生态智慧展示中心（三星设计）

新维壹展示中心（二星设计）

地下综合管廊

青奥能源站市政综合体

滨江绿道

南京河西儿童医院（三星设计）

五矿崇文金城（二星设计）

案例撰写：丁 杰 / **材料提供：**曹 静

绿色生态与产业转型新城区：
常州市武进绿色建筑产业集聚示范区

项目规模：用地面积 3km²
创建时间：2013 年至今

绿色建筑发展：绿色建筑标识项目 36 个，总建筑面积 302.5 万 m²。其中二星级及以上绿色建筑占比 50%，总建筑面积 150.9 万 m²，绿色建筑运行标识项目 10 个

■ 案例创新点

常州市武进绿色建筑产业集聚示范区是国家级示范区，创建建设之初就以高标准定位，提出"打造世界一流、国内领先的绿色建筑展示体验区、绿色建筑产业集聚区、绿色建筑技术集成区、绿色建筑人才创新创业区以及绿色建筑国际交流平台"。通过将绿色研发、设计、建材等产业集中建设、集成展示、集聚发展，驱动建设科技行业转型升级，提升绿色产业发展水平，带动了区域绿色经济增长，是绿色技术和绿色产业高度集成的绿色生态城区。

■ 案例简介

· 开展协同创新的顶层规划设计

示范区创新规划理念和方法，建立了完善的绿色生态规划体系，将示范区内的土地空间、能源、水和固体废弃物的资源化循环利用，与建筑、景观、交通及市政设施系统进行统筹规划，最大限度地提高区域内能源资源的高效利用。先后完成了空间规划、产业发展规划、产业园区规划、绿色生态专项规划及能源微网规划等专项规划。通过整合式的规划创新，兼顾示范区产业发展和高新技术的应用。

城区鸟瞰图（颜世平 摄）

江苏省绿色建筑博览园（全国首个绿色建筑主题公园）

维绿大厦（三星运行）   金东方颐养园老年公寓（二星运行）

华意楼人才公寓（二星设计 既有建筑绿色化改造） 江苏绿和环境科技有限公司（建筑垃圾资源化利用）

· 打造绿色生态的城区空间环境

为实现资源效益和环境效益的最大化，示范区在空间布局、基础设施、建筑、环境、交通等方面通过适宜绿色技术的多系统集成应用，为居民打造了绿色生态的物质空间环境。区内所有新建建筑全面按照绿色建筑标准设计建造，同时合理的建筑布局使建筑前后存在压差，推动产生自然通风，建筑节能率达到 65% 以上；构建开放的绿色公共空间，注重树种的多样化配置和乡土适生植物的应用，为居民提供免费但高品质的休憩场地；建立建筑垃圾无害化处置与资源化利用基地，基地内两条生产线可年处理建筑装修垃圾 160 万 t，综合转化利用率达 95% 以上，每年可节约土地和河塘 0.16km²。

· 倡导绿色生活的公众引导

示范区建设了江苏省绿色建筑博览园、江苏省绿色建筑会议展览中心、莲花公园（武进区城市规划和展览中心）、凤凰谷（武进区影艺宫、青少年活动中心和展览馆）等一批典型示范项目，并免费对社会公众开放。居民可以在这里参加形式多样的互动活动，也可以了解到与绿色建筑、绿色生态城区、海绵城市等相关的各类宣传信息，直观感知和了解绿色建筑。在人民日报、新华日报、扬子晚报等国家级、省级媒体报刊上发布示范区发展相关专题报道。通过形式多样的互动活动和宣传，绿色生活方式逐渐深入人心。

莲花馆（城市规划展览馆）

影艺宫（三星运行）

青少年活动中心和展览馆

市民参观绿色建筑博览园

混凝土筑建筑产业现代化生产基地

中科院常州绿色科技产业园（绿色装配式工业厂房） 　　　　　　唯绿网：绿色建材部品电商平台

· 引导绿色建筑的全产业链共融发展

优化示范区产业结构，打造了绿色建筑的完整产业链，促进形成绿色建筑产业集聚示范的区域。成立了江苏省绿色建筑产业技术研究院、常州市绿色建筑产业技术创新战略联盟，搭建了绿色建材部品垂直 B2B 电商平台（唯绿网），设立了绿色建筑产业发展基金，借助于上述机构和平台的带动，成功引进中建材应用技术研究院、北京太空板业、上海华东建筑集团、美国诺森建筑等近 180 家绿色建筑领域的研发机构、设计机构、施工企业和制造业企业，总投资超过 100 亿，基本实现了涵盖绿色建筑建材研发、生产、应用、推广、金融等"全产业链"整合。

■ **示范意义**

示范区充分发挥全区统筹协调作用，建立了多部门协调机制，统筹推进示范区规划、建设和运营管理，在实现物质空间和资源环境绿色发展的同时，实现了产业结构的优化调整，构建形成了较为完善的绿色建筑产业体系，推进了城区人居环境高质量规划建设和绿色建筑规模化发展，为推进绿色产业园区建设提供了可操作的路径和借鉴。

案例撰写：祝一波、丁　杰 / **材料提供：**黄　吉

生态城规划建设的立法与实践：
无锡太湖新城国家绿色生态城区

项目规模：用地面积 62km²
建设时间：2012—2018 年
空间格局："一心、两轴、五大片区及两条开敞空间带"
的空间结构

绿色建筑发展：绿色建筑标识项目 40 个，总建筑面积
380.7 万 m²。其中二星级及以上绿色建筑占比 91.6%，
总建筑面积 348.6 万 m²，绿色建筑运行标识项目 2 个

■ 案例创新点

　　无锡太湖新城是国家首批绿色生态城区，通过立法出台了全国第一部地方性生态城条例，以法律实行严格的规划控制、建设管理和运行实施，在资源能源利用、建筑节能、公交优先和慢行系统建设方面做出创新性的规定，体现了生态城建设的特色。通过国际合作，在规划设计、技术应用、生态建设、城市管理等方面，借鉴国内外先进生态城市建设理念和成功经验，按照"七个可持续"标准，高标准建设一流领先的中瑞低碳生态城。同时，太湖新城在规划引领、绿色建筑高标准规模化发展、节约型城乡建设等方面成效显著，规划建设水平在全国处于领先地位，构建了一套宜居宜业、产城融合的创新城市基本框架。

■ 案例简介

　　·立法保障生态城区规划建设

　　无锡市《太湖新城生态城条例》（以下简称《条例》）是全国第一个以规范生态城建设为目标的地方性法规，包括总则、生态城规划、生态城建设、生态城管理、法律责任和附则等共计 6 章 43 条，明确指出了制定本条例的编制目的、适用范围等。《条例》在适用范围方面充分考虑了新城发展的规律，强调了时序性和过程管理的思维，规定建设用地使用权的出

鸟瞰图

鸟瞰效果图

绿色建筑规划

让遵循生态优先的原则，土地使用权出让合同应当明确具体的生态建设指标和违约责任；市发展和改革、城乡规划、建设、环境保护等主管部门应当在项目审批、建设管理、竣工验收等环节严格落实生态建设指标。通过法律引领和推进生态城建设，不仅有利于保障城市发展新思维从理念到行动的贯彻落实，还有效地对行政主管部门和参与城市建设的不同群体进行监督和管理，与其他法律体系协同作用，保障生态城朝着既定的目标保质保量地进行探索实践。

· 绿色生态理念研究系统深入

在完善总体规划、控制性详细规划等传统规划的基础上，从发展的"系统性、整体性、协同性"角度构建多层次的生态规划体系，并反馈调整、完善原有法定规划，强化生态目标在控制性详细规划和专项规划中的落实，提高生态规划的实效性和可操作性。2007 年以来，太湖新城共编制完成《无锡市太湖新城生态规划》《中瑞生态城总体规划》两个生态城规划，形成了《无锡太湖新城国家低碳生态城示范区规划指标体系及实施导则 (2010-2020)》《无锡中瑞低碳生态城建设指标体系及实施导则 (2010-2020)》两个规划指标体系，并对《太湖新城控制性详细规划生态指标更新》《中瑞低碳生态城控制性详细规划修编》进行了两次修编，同时还完成了能源、水资源、公共交通、环卫设施等 10 多项生态专项规划，建立了一套完整的生态规划体系。

· 国际合作共建绿色生态城区

2009 年 10 月，无锡市政府与瑞典王国中瑞环境技术合作办公室签订了《合作共建生态城意向书》，2010 年 7 月，住房城乡建设部与瑞典王国环境部签署合作备忘录，将无锡中瑞低碳生态城纳入国家层面合作的重要示范项目。太湖新城以"走出去、引进来"的原则，学习借鉴瑞典先进生态城市建设理念和成功经验，紧密结合无锡自然、社会及产业实际，确立了以可持续城市功能、可持续生态环境、可持续能源利用、可持续固废处理、可持续水资源管理、可持续绿色交通、可持续建筑设计为重要内容的具有国际领先水平的生态城市建设标准。2016 年 11 月，无锡与芬兰拉赫蒂市签署两市城市规划试点项目合作意向书，双方就生态城市规划设计方法、建筑数字化信息模型（BIM）在建筑设计中的应用等进行积极探讨。

· "产城融合"建设生态宜居新城

太湖新城围绕"无锡城市新中心、产业发展新高地、生态宜居新家园"目标，一方面珍视生态环境绝佳的资源禀赋，不断提升新城环境水平。目前金匮公园、尚贤河湿地、贡湖湾湿地、长广溪湿地等环境工程已基本建成，形成了"环湖、滨水、连山"的生态新城雏形。在推动绿色建筑高标准规模化发展的同时，实施了分布式能源站及污水源热泵能源中心（覆盖面积 26km^2）、市政再生水管网（长度 42.3km）、海绵城市建设、绿色交通系统、真空垃圾收集系统等节约型城乡建设重点工程，为生态城的持续建设打下坚实基础。另一方面着力补足功能配套和产业发展的短板，以产兴城、以城促产，构建了金融商务、大数据、运动健康、文化旅游"四驾马车"齐头并进的产业发展格局，为新城居民创造了宜居宜业的优质生活环境。

观山路商业街（三星设计）

朗诗太湖绿·花园（二星运行）

金融一街区（一星设计）

国家数字电影产业园

金匮公园樱花林

公交专用道

巡塘老街俯瞰图

湿地建设实景

■ 示范意义

无锡太湖新城作为住房城乡建设部授予的"国家低碳生态城示范区"、瑞典王国环境部授予的"中瑞合作示范项目"、国家首批"绿色生态城区"、江苏省首批"建筑节能和绿色建筑示范区"，广泛吸收借鉴国内外先进发展理念和经验，并结合实际、因地制宜进行创新和发展，探索出一条低碳生态城建设的成功之路。太湖新城以立法形式规范低碳生态城市培育发展的全过程，从生态、能源、废弃物、绿色交通、低碳经济等专项规划入手，提出了具体的绿色生态指标和技术措施，并开展系统深入的绿色生态专题研究，建设了湿地系统、再生水管网系统等一批国内领先的生态基础设施项目，通过确立城区绿色生态模式，带动整个无锡的绿色、低碳、生态理念的实践和发展。

案例撰写：赵　帆　／ **材料提供：**杨晓凡、贺启滨

创新引领的低碳生态城区实践：
苏州昆山花桥国际商务城

项目规模：50km²
创建时间：2010—2018 年

绿色建筑发展：绿色建筑标识项目 95 个，总建筑面积 1037.6 万 m²。其中二星级及以上绿色建筑占比 55%，总建筑面积 573.2 万 m²，绿色建筑运行标识项目 6 个

■ 案例创新点

苏州·昆山花桥国际商务城以创建低碳生态城区为导向，以"低碳、生态、绿色"为主题进行顶层设计，开展了全方位、多领域的创新实践。坚持规划先行，在江苏率先开展包含建筑、交通、水资源等在内的 8 项低碳生态系列规划研究和编制；注重实践创新，率先推进绿色建筑规模化发展和综合管廊、区域能源站、绿色交通体系的建设；加强闭合监管，率先实施绿色建筑规划验收管理；重视宣传推广，在全国率先编写并召开低碳生态城市白皮书发布会，发布低碳生态城指标体系与阶段性建设成果，出版《低碳生态系列规划研究与实践》，总结低碳生态城规划经验与成果。商务城国际金融服务外包区 2010 年获批全省首批建筑节能和绿色建筑示范区，2013 年获批全省首批绿色建筑和生态城区区域集成示范，2014 年获江苏省人居环境范例奖。

商务城夜景

花溪人才公寓昆山（一星设计 保障房）

昆山花桥金融服务外包产业园（三星运行）

《花桥国际商务城发布低碳城市建设行动纲要》白皮书发布会

花桥绿色建筑管理办法

■ 案例简介

·顶层设计先行，强化规划落地

2010 年，国际商务城邀请国内外知名机构，以商务城总体规划为基础，开展低碳生态城市规划研究和编制工作。规划系列成果包括建筑、交通、水资源等 8 个低碳专项规划、1个低碳规划宏观指标体系、区域控规图则和规划设计指引，成果的系统性、科学性在当时国内绿色生态城区中处于领先水平。此后，商务城陆续完成了各功能区的控规修编，并将低碳规划重要指标，按照一级开发、二级开发两类，分解落实到控规中，进而纳入土地出让条件，有效保证了土地开发和项目建设落实各项生态专项规划要求，符合绿色低碳发展导向。

·落实条例要求，实现闭合监管

响应《江苏省绿色建筑发展条例》要求，商务城于 2015 年开展了深化绿色建筑监管机制的研究，借鉴省内外先进地区经验做法，完成了《花桥国际商务城绿色建筑项目实施管理办法》及相关配套文件，在全省率先建立起了保障绿色建筑全过程实施的闭合监管制度。特别是对绿色建筑规划验收阶段的管理，为省内绿色生态城区提供了借鉴。

· 结合区域优势，打造低碳市政项目

商务城按照低碳生态城系列规划成果，逐步落实低碳市政项目的建设管理工作。建成供应金融园 15.4 万 m^2 的地源热泵集中式能源站，建成包括 1 条对接上海的轨道线，19 条公交线路，85 个公共自行车租赁点，27 个电动汽车租赁点的内外通达的绿色低碳交通体系，建成总长 3.7km，包含强弱电、供水、中水管线的综合管廊，建成日处理规模 12.5 万 m^3 的污水处理厂（含中水处理），建成天福国家湿地公园、吴淞江景观带一期工程、黄墅江区域湿地生态恢复工程等一批生态公园及湿地，完成对天福村 200 多栋具有现代江南风格的农房进行抗震加固与节能改造后继续利用。多类型项目实践大幅提升了商务城城市功能和服务能力，构建了商务城低碳生态发展的基础。

· 借力部省支持，强化交流合作机制

商务城在住房城乡建设部科技与产业化发展中心、省住房城乡建设厅的支持下，先后成功主办承办了"低碳生态城市白皮书发布会""节能减排与绿色建筑专题讲座""江苏省绿色建筑生态园区应用新技术推广会""江苏省第三届绿色建筑论坛""低碳城市与智慧城市建设展""江苏省节约型城乡建设现场推进会"以及"生态城市中国行"等重大活动，加深了社会各界，特别是老百姓对绿色低碳理念的理解，形成了合力推动支持绿色发展的良性氛围。商务城先后与芬兰 VITT、日本立教大学、爱尔兰西朗科技、台湾大学等国外科研机构合作，共同研究探索绿色节能技术及其应用路径，提升了区域技术水准和国际影响力。

轨道交通 11 号线

公共自行车租赁点

EVCARD 电动车商务城租赁点

吴淞江滨江景观带

天福国家湿地公园

康桥国际学校花桥国际博览中心新展馆（三星／一星设计）

花桥国际博览中心新展馆（三星设计）

天福村农宅节能改造

中科创新广场花桥国际博览中心新展馆（二星设计）

低碳城市与智慧城市建设展

生态城市中国行主题活动

■ 示范意义

　　作为江苏首批绿色生态城区，商务城低碳生态发展的顶层设计、规划编制、机制创新、项目实施成为了江苏绿色低碳生态城区的典型范例。商务城大规模、各类型的绿色建筑项目的建设与使用，向社会展示了绿色建筑形象，也让公众对绿色建筑增加了体验和感知；低碳市政项目的运营使用，有效改善了人居环境，丰富和提升了以"低碳、生态、绿色"为主题的城市软实力，增强了花桥经济开发区的核心竞争力。商务城在低碳生态领域的探索实践是"昆山之路"的有机组成部分。

案例撰写：李湘琳　／　材料提供：何海峰

生态立城　绿色建城　产业兴城：
淮安生态新城

项目规模： 用地面积 10.2km²
创建时间： 2010—2017 年

绿色建筑发展： 绿色建筑标识项目 21 个，总建筑面积 275.2 万 m²。其中二星级及以上绿色建筑占比 63.6%，总建筑面积 174.9 万 m²，绿色建筑运行标识项目 1 个

■ 案例创新点

　　淮安生态新城在示范创建过程中形成了构建"一套科学的生态指标体系"、建立"一套完善严谨的体制机制"、打造"一批低碳生态的示范项目"、探索"一个新型的产业发展模式"的"四个一"可操作、可复制的绿色生态新城创建模式。在推进绿色建筑发展过程中，从以规模化推进绿色建筑发展为重点的"浅绿"阶段，到以全面落实绿色建筑技术为重点的"全绿"阶段，再到以绿色生态后评估 + 运行提效为重点的"深绿"阶段，逐步深入的形成绿色生态全域发展的普遍态势。2013 年生态新城率先通过省住房城乡建设厅验收；2015 年 9 月，成为全国首个通过住房城乡建设部验收的绿色园区示范工程。

■ 案例简介

　　·绿色生态专项规划落地，城市生态系统协同发展

　　生态新城在城市总体规划等上位规划指导下，统筹编制了包含低碳生态、建筑能源、绿色交通、水资源等 9 项专项规划，形成了覆盖城市多系统的绿色生态专项规划体系。2014 年，

新城鸟瞰图

新城鸟瞰图

《淮安生态新城控制性详细规划》修编中将绿色建筑、可再生能源利用、非传统水源利用率等指标纳入控规，保障绿色生态技术措施和重点项目落地。生态新城在建设过程中，深入执行各专项规划，在城市空间复合利用、能源结构优化、绿色建筑、绿色交通和景观碳汇等方面协同推进各项绿色生态工作实施，推进区域绿色化发展。经过 10 年的规划建设，生态新城已经由传统城市"高消耗、高排放、低产出"的"单向—线性"式发展，向"低消耗、低排放、高效益"的"循环—协同—平衡"式发展模式转变。

· 注重生态环境修复，打造宜人宜居环境

生态新城在建设实施过程中，兼顾生态保护与绿色建设，采取生态修复和重建措施，恢复自然水系、湿地和植被，建设良性循环的复合生态系统。利用水网交错的自然优势，按照生态绿廊、城市公园、社区公园、街头绿地的分级结构建立层次有序、连续成网的开放绿地空间，实现自然生态环境与人工生态环境的和谐共融。通过生态环境修复、培育人工湿地涵养水源，低影响开发理念对雨水的入渗、回收和利用，非传统水源利用率达到 10%。

绿地广场（二星设计）

·建设绿色生态基础设施，提升城市绿色生活水平

生态新城将绿色生态理念充分融入城市建设中，建成了一批绿色生态基础设施。通过合理利用工业余热，作为供热热源，打造了区域能源综合利用系统，满足 410 万 m² 建筑的供热需求，每年减少耗煤量在 11% 以上；建立高效而低碳的公共交通体系建设，充分运用有轨电车、公共自行车构建了多层次绿色出行方式，有效降低私家车使用率，绿色交通出行比例达到 80%；全面采用 LED 和太阳能路灯，全年共节约电力近 20.9 万 kW·h；建成海绵型森林公园，森林公园的阔叶林面积约 800 亩，一天大约能释放 39t 的氧气，吸收 53t 二氧化硫，有效改善城市微气候环境。

·持续开展运营评估，构建适宜技术体系

生态新城在省内率先探索绿色生态城区后评估技术路线，包含绿色建筑能耗分析、运营管理现状调研、技术应用核验、区域能源运行效果评价、室内外环境质量测试等内容。据运营效果测试，城区内绿色建筑实际运行能耗约是普通建筑的 2/3，绿色建筑室内环境品质明显高于传统建筑。在持续大量后评估工作的基础上，生态新城逐步建立起本地化的适宜技术体系，并不断通过项目调研和数据收集，积累反馈信息，形成数据库、案例库、技术库。基于技术经济性分析和对于项目适宜技术应用情况的梳理，初步构建了淮安生态新城绿色建筑适宜技术推荐清单。

淮安四馆（二星设计）

海绵森林公园

森林管理用房（二星设计）

体育中心（二星设计）

妇女儿童活动中心（二星运行）

淮阴中学新城校区（一星设计）

有轨电车

零排放电动巴士

■ 示范意义

淮安生态新城作为江苏省首批建筑节能和绿色建筑示范区，在实施创建过程中形成了"四个一"的系统化示范创建模式，形成了一套因地制宜的推进绿色建筑和生态城区建设长效发展机制，为我省绿色生态城区的发展提供了样板。示范期间累计建成绿色建筑规模达到近150万㎡，年节约标煤1.2万t。

案例撰写：丁　杰、史静波 / **材料提供：**史静波

生态、现代、智慧"特色三城"：盐城市聚龙湖核心区

项目规模：用地面积 4.2km²
创建时间：2011 年至今

绿色建筑发展：绿色建筑标识项目 20 个，总建筑面积 229.4 万 m²。其中二星级及以上绿色建筑占比 82.9%，总建筑面积 190.3 万 m²，绿色建筑运行标识项目 3 个

■ 案例创新点

聚龙湖核心区建立和完善了上下联动、闭合监管的推进机制，注重绿色建筑的运行实效评估和管理，大力推动智慧城市建设，实现城市运维效率提升、人居环境改善的同时，逐步形成"以产兴城、以城促产"的特色发展路径。区内绿色建筑发展由点向面、由浅入深、由设计向运营转变提升。同时，通过智慧化信息技术的应用，让老百姓感知到绿色生态建设带来的环境提升和生活便捷。生态、现代、智慧"特色三城"建设已初具规模。

■ 案例简介

·从规划到实施，全面提升"特色三城"内涵

聚龙湖核心区坚持"适度超前"的开发理念，先后完成涵盖生态、智慧、交通、能源、固体废弃物等共 7 项专项规划，形成了完善而有特色的绿色生态规划体系。并通过整合研究、规划和建设管理等工作，推动规划目标和政策有效落地实施，有效促进了资源的高效利用、科技与产业的深化融合，提升智慧带动效应以及城市精细化管理水平。

·创新工作机制，开展数字化后评估

在绿色建筑长效推进机制建立的基础上，聚龙湖核心区深化创新工作机制，确立智慧城南、运行提效、推进深绿等重点工作方向。通过构建生态产业体系、完善绿色交通模式、推广绿色建筑、培育生态文明氛围，建立了一体化的生态发展机制。区域结合智慧城市和大数据产业优势，运用数字化手段开展绿色交通后评估、生态效益后评估等工作，取得了阶段性成果，建立了工作反馈机制。

城南新区鸟瞰图

城南新区鸟瞰图

·挖掘特色，持续提升人居环境水平

重视保护、挖掘和延续盐城的自然、历史、文化、景观等特色资源，彰显城市的个性。在规划设计中充分彰显"以水为魂"的理念、传承盐阜地方文化底蕴、凸显"绿色廊道"的生态特征，建立"生态、绿色空间、景观"有机融合的平衡系统，构筑"生态型新区"的基本空间形态架构。重视高水平的绿色建筑示范项目建设，建设江苏第一个被动式超低能耗幼儿园——日月星城幼儿园，成为住建部被动式低能耗建筑质量标识项目。区内新建绿色建筑年节能量 2199t 标煤，减排量约 2.7 万 t 二氧化碳。

·建设"智慧城南"，构建绿色智慧家园

以"智慧城南"为载体，建成覆盖盐城城南新区的城市公共信息平台，实现政府各部门、企业、公众间的信息共享和良性互动，实现各系统接入率 100%，数据互通、服务共享率 ≥ 60%；建成人口、法人、宏观经济、城市基础地理信息和建筑物信息五大公共基础数据库，实现全区电子地图全覆盖。通过智慧交通、智慧管网、智慧社区、智慧医疗、智慧体验中心、智慧教育等示范项目落地，不断提升城市运行的效率和老百姓的生活便捷性，使绿色智慧理念和技术可感知、能体验，极大地增强了市民对绿色、智慧城市的认同感。

■ **示范意义**

盐城城南新区始终坚持规划设计先行、拆迁安置先行、公共配套先行、基础设施先行的原则，高起点规划、高标准建设，致力于打造一个"创新而有特色"的城市中心。聚龙湖核心区在全省较早推进以绿色、智慧为目标的城市转型发展，通过生态规划编制和落实，提升了"生态新城、现代新城、智慧新城"的内涵。通过国资项目带动和政策引导，建成了一批具有示范意义的绿色生态项目，同时，通过宣传、参观等形式，营造绿色建筑全社会共建的良好氛围。

黄海之晶（运行一星）

BRT 公交

创投中心地源热泵机房

被动式超低能耗建筑—日月星城幼儿园

休闲慢行步道

智慧城南云计算系统

智慧城南云计算中心

绿色照明

案例撰写：丁　杰、刘奕彤 ／ **材料提供：刘奕彤**

从 绿 色 建 筑 到 绿 色 城 市

**From Green Building
to Green City**

11

绿 色 城 市

政策保障下的绿色城市实践：
无锡市绿色建筑示范城市

项目规模：用地面积 1644km²
创建时间：2014 年至今

绿色建筑发展：绿色建筑标识项目 361 个，总建筑面积 3605.1 万 m²。其中二星级及以上绿色建筑占比 65.5%，总建筑面积 2361.2 万 m²，绿色建筑运行标识项目 10 个

■ 案例创新点

无锡市在市政府的统筹协调下，遵循"政府引导，市场推动；因地制宜，分类指导；突出重点，兼顾全面"的原则，通过在地块出让、项目立项、规划方案、设计方案、规划许可、工程设计、建设施工、质量监督、房屋销售、工程验收的十大环节明确提出绿色建筑相关要求，形成绿色建筑全过程闭合监管的长效管理机制，推动了绿色建筑的高质量发展，提升了城市环境品质，提高了民众对绿色宜居生活的获得感。

■ 案例简介

· 坚持规划引领，建立长效发展机制

无锡市始终坚持规划引领，组织编制了涵盖绿色建筑、能源利用、绿色交通、水资源、绿色照明、生态景观等领域共 26 项专项规划，明确城市绿色发展中长期目标，推动城市绿色生态规划建设体系升级，引领了绿色建筑示范城市推进工作。

城市鸟瞰图

蠡湖金茂府（三星设计、二星健康、BREEM 优秀）

· 完善制度构建，实现全过程闭合监管

无锡市围绕绿色建筑发展建立了一套完善的管理制度，形成了长效发展保障机制。通过市政府发文，在全省率先明确新建民用建筑全面实施二星及以上绿色建筑标准，并将绿色建筑系列指标作为各市（县）、区政府年底考核的重要内容。建立了绿色建筑全过程闭合监管机制，运用无锡市绿色建筑线上管理系统对绿色建筑建设项目各环节实施信息化管理，同时将绿色建筑标识证书作为项目竣工验收的必备条件，极大地提高了建设单位申请绿色建筑标识的自主性。

· 发挥示范效应，推进既有建筑绿色化改造

无锡市注重既有建筑改造工作，通过政策支持、技术支撑和财政补助等措施，以点带面分批实施，已完成 350.9 万 m^2 的既有建筑节能改造工程。在妇幼保健医院绿色化改造中，探索实践了既有建筑绿色化改造的新路径，培育了一支绿色化改造的专业力量。该项目获得了绿色建筑二星级设计标识，已成为在全市既有建筑绿色化改造的样板。

·注重评估研究，提升百姓获得感

无锡市注重绿色建筑的运营评估和使用体验，确立了包括绿色建筑满意度调查、绿色建筑适宜技术研究、低影响开发应用研究、运维策略研究、成本效益与经济效益研究等 8 项课题研究，对建成的并投入运营的绿色建筑项目开展综合评估。绿色建筑示范城市创建以来，空气质量优良天数比例（AQI）提升到 67.7%，建成区绿化覆盖率提升到 43%，绿色建筑小区居民的满意度提升到 90% 以上。

■ 示范意义

无锡市以示范项目实施为依托，出政策、投资金、严监管、育产业，因地制宜推动绿色建筑、节约型城乡建设各项工作，形成了绿色建筑长效管理机制，提升了民众获得感，是贯彻新时代生态文明发展理念的生动实践。

江大数媒经管大楼（二星运行）

惠山区万达广场（一星运行）

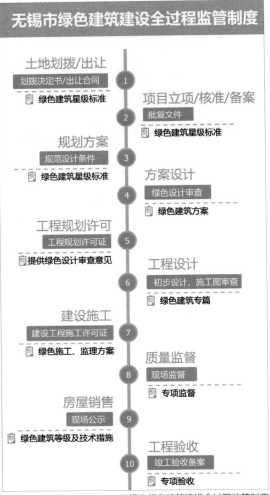

无锡市绿色建筑建设全过程监管制度

正方园科技大厦（三星设计）

江大食品学院（二星设计）

滨湖区行政中心（既有建筑节能改造）

朗诗太湖绿郡（二星运行）

惠山全民健身中心（二星设计）

案例撰写： 丁　杰、陈素碧 / **材料提供：** 陈素碧

既有建筑改造示范城市的先行者：
常州市既有建筑节能改造示范城市

改造周期：2015—2017 年
总投资：约 1 亿元

改造规模：20 个项目，总改造建筑面积 67.99 万 m²、年节能量 7311t 标准；同步开展既有建筑节能改造相关政策、技术标准及科研等配套能力建设；建立基于能耗限额的用能约束机制，大力推广合同能源管理模式

技术支撑单位：江苏省住房和城乡建设厅科技发展中心、江苏省建科院、深圳市建科院

■ 案例创新点

常州既有建筑改造工作起步于 2013 年，在住房城乡建设部、江苏省住房和城乡建设厅的大力支持下，常州市城乡建设局组织了针对既有公共建筑的用能调研，获得了大量基础数据，确定了重点用能单位。常州市利用有限的财政资金，以政府引导和市场程序推进，组织有实力的能源服务企业共同参与，对接有节能潜力的用能单位，用 1500 万的补助资金撬动了近 1 亿的既有建筑节能改造市场。同时通过第三方技术支撑单位协助制定实施方案、开展全过程节能量审核与监管，保证项目的改造效果。还对项目开展了后评估研究，进一步总结节能改造技术和运行成效，明确各种节能改造技术的适宜性，形成适应本地的核心技术体系，形成可推广、可借鉴的既有建筑节能改造技术经验。

■ 案例简介

· 扎实的工作基础

2013 年，常州市被列为江苏省公共建筑能耗限额管理与培育建筑节能服务市场的试点城市。在住房城乡建设部、江苏省住房和城乡建设厅的支持下，组织专业团队对全市 68 家

常州鸟瞰图

改造后的天目湖大酒店

宾馆饭店、7家商场进行了能耗统计和能源审计，另外从市机关事务局调取200多栋机关办公建筑及医院类建筑的能耗数据，于2014年制定下发了《常州市机关办公建筑、宾馆饭店建筑、医疗卫生建筑合理用能指南》。

2014年7月，常州市被列为江苏省首批既有建筑节能改造示范城市。

· 多方合力推动

常州市城乡建设局会同市财政局负责既有建筑节能改造示范城市工作的总体推进，组织示范项目实施以及开展相关政策、管理和技术研究；市财政局负责专项资金管理，会同市城乡建设局按计划拨付补助资金，监督财政资金的使用情况。旅游局、机关事务管理局等部门参与相关配合工作。

常州市建设局通过政府采购确定深圳建科院对示范项目进行技术支撑和过程监管。同时引进了江苏省住房和城乡建设厅科技发展中心、江苏省建筑科学研究院有限公司作为节能改造规划的技术支撑单位。

常州市既有建筑节能改造项目的实施通过市场运作的方式引进了多家高水平的省内外企业，同时也注重当地节能服务企业的能力培育，培育了一批本地设计、施工、运行管理企业。

· 完善的实施流程管理

常州市根据前期建筑用能调研情况，组织节能服务企业对有节能潜力的公共建筑业主进行节能诊断，并在改造前编写《既有建筑节能改造方案》，进行项目申报。市城乡建设主管部门收到申报材料后进行初审，初审合格后组织专家评审、进行能效测评预评估，通过后在

既有建筑改造工作交流

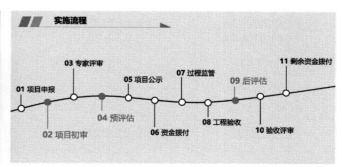

完善的实施流程管理

网站上向社会公示，公示无异议的项目，列入示范项目实施计划。

项目立项后，财政局先拨付该项目补助总额（根据预评估节能量计算）的30%。并在项目实施过程中，由建设局组织专家定期对项目的实施进度和质量进行项目现场核查。

示范项目完工后，先由申报单位组织参建各方主体进行工程验收。项目完成工程验收并运行3个月后，由第三方技术支撑单位对项目的改造内容进行现场核验和设备性能的检测，收集运行数据，进行能效测评后评估，确定最终的节能量与补助资金。建设局在后评估完成后，组织专家对项目进行现场验收，并根据后评估节能量，结合资金到位情况同步拨付剩余补助资金。

· 系统的技术支撑体系

常州市在开展示范项目建设工作的同时，编制并实施了一部专项规划，开展了两项政策和产业发展研究、制订了五项技术标准，明确了既有建筑节能改造示范项目预评估、后评估及节能量计算标准，构建了完善的技术支撑体系。

· 显著的综合效益

20个示范项目共节约标准煤7311t，减少CO_2排放18131t，减少SO_2排放146t，整体项目的节能率提升20%以上，有效地节约了能源资源，减少了环境污染，对可持续发展有着重大的现实意义。

示范项目总的节能改造投资成本为近1亿元，年节省电费1949.2万元，平均投资回收期约为5年。预计在"十三五"期间全常州市改造公共建筑100万m^2，将带动常州市门窗、外遮阳、空调、照明、太阳能产业等的发展，间接带动社会投资约1.5亿元。

本次既有建筑改造示范城市的实施，可以在降低能耗的同时提高舒适度，使生活、工作环境质量得到改善和提高。同时通过财政资金积极引导社会资本进入建筑节能改造领域，促进了既有公共建筑节能改造的全面开展，培育了节能服务市场发展壮大，促进社会产业转型升级。

技术支撑体系研究

新装空气源热泵机组

屋顶绿化改造

客房中空玻璃改造

改造后外墙

新装太阳能热水系统

■ 示范意义

进入新时代，城镇化发展和城市建设逐步由规模型向效益型转变，人民群众对建筑环境品质要求日益增长，城市更新和既有建筑节能改造将成为城市建设发展的重要内容。常州市以既有建筑改造示范城市建设为契机，借助财政专项补助资金的杠杆作用，积极引导社会资金进入建筑节能改造领域，促进了既有公共建筑节能改造的全面开展，培育了节能服务市场发展壮大。建立在既有建筑节能改造市场机制、管理体系建设、技术路线研究、激励措施制定和节能服务产业发展等方面取得了良好的成效，为推动既有建筑节能改造走市场化发展道路进行了有益探索，也为同类城市既有建筑节能改造工作提供了借鉴，具有良好的示范作用。

案例撰写：张映波、尹海培 / **材料提供**：杨宽荣、段 凯

从绿色建筑到绿色城市：
镇江市绿色建筑示范城市

项目规模：用地面积 3847km²   **绿色建筑发展：**绿色建筑标识项目 188 个，
创建时间：2014 年至今   总建筑面积 1383.4 万 m²。其中二星级及
以上绿色建筑占比 55.8%，总建筑面积
772.0 万 m²，绿色建筑运行标识项目 4 个

■ **案例创新点**

　　镇江市牢固树立"绿水青山就是金山银山"理念，坚持"生态优先、绿色发展"的战略路径，以推进绿色建筑示范城市创建为契机，发挥市政府统筹协调作用，以示范项目驱动绿色建筑发展，以国家海绵城市、省级既有建筑节能改造示范城市、省级建筑产业现代化示范城市为载体，形成了功能互补、整体优化的绿色生态协同创建模式，推动镇江市绿色城乡建设高质量发展。

城市鸟瞰图

■ **案例简介**

·开展绿色顶层设计，建立绿色建设全过程监管机制

镇江市在示范城市创建过程中，探索出一套"以制度立规范"的发展模式。制定并出台《关于全面推进镇江市绿色建筑发展的实施意见》《关于加强我市绿色建筑管理工作的通知》《关于开展绿色建筑评估工作的通知》等多项政策文件，完成 6 项绿色生态专项规划编制和实施，形成了包含推进绿色建筑发展、海绵城市建设、建筑产业现代化转型升级及既有建筑绿色化改造的绿色顶层设计，构建了绿色生态全过程监管机制。在项目立项前期，明确提出绿色建筑相关要求；在规划设计条件中，对绿色建筑星级、径流总量控制率、预制装配率及成品住房等予以要求；在项目验收时，创新开展绿色建筑评估工作；在项目运营过程中，试点开展绿色建筑后评估工作，全面保障绿色建筑项目质量，提升运行管理水平。

·区域联动绿色发展，打造绿色建筑高品质集聚区

打造镇江新区绿色建筑区域性示范和镇江高校园区绿色建筑集中示范区，依托示范区的建设开展示范城市创建，形成由点到面、功能互补、整体优化的绿色生态区域发展模式，实现了绿色建筑中心城区全覆盖。率先开展绿色校园实践，以镇江高校园区绿色校园项目为依托，建设高星级绿色建筑集聚区，利用既有水系和湿地，依托原有地形因势利导，集成运用太阳能光热（光伏）、高效围护结构、雨水回用和能源塔等绿色建筑技术措施，建成 41 个二星级绿色建筑，打造镇江科教文化新地标。

金山湖海绵道路改造

城市有机质协同处理中心（全国首个餐厨废弃及生活垃圾协同处理项目）

· 系统推进既有建筑绿色化改造，提升老旧建筑环境品质

以海绵城市创建为契机，以"海绵＋城建"的老小区改造模式，推进老旧小区整治工作，开展平改坡、外墙保温、节能改造、海绵改造等绿色建筑达标创建，居民的生活质量明显提高，群众满意度达90%。在老市政府、镇江二院等既有公共建筑节能改造工程融入绿色设计理念，实现了从节能改造到绿色化改造的升级，不仅城市面貌焕然一新，还改善了建筑性能，提升了环境品质。

· 提升城市基础设施绿色水平，改善城市人居生态环境

通过改善城市基础设施绿色化水平，打造高效的城市生活空间，改善城市人居生活环境。通过综合应用渗、滞、蓄、净、用、排等海绵城市建设技术措施，保护和修复城市水生态系统，建设了海绵公园、海绵学校、海绵道路、海绵泵站、海绵小区等一批重大项目。建设智能交通控制系统，公交可达性实现全省第一，百姓出行效率显著提升。转变垃圾利用方式，投资建设餐厨废弃物及生活污泥协同处理国家试点项目，建立了餐厨废弃物收运监管数字化平台。

北固湾生态环境保护

高校园区（绿色校园）

镇江建科建筑产业化生产基地（省级建筑产业化部品生产基地）

江苏建华建筑产业化基地（国家级建筑产业化部品生产基地）

海绵城市建设

中瑞生态产业园 1 号楼（三星设计）

■ **示范意义**

在绿色建筑示范城市创建中，市政府建立了多部门协调机制，统筹推进绿色建筑、海绵城市、建筑产业现代化、既有建筑节能改造四项示范城市创建工作。在示范项目的规划、建设和运营管理中，深入贯彻绿色生态理念，落实绿色、海绵、装配式等技术。同时，积极推动绿色产业发展、带动建筑产业转型升级，取得了较好的经济效益和社会效益。将镇江市逐渐打造成为生态环境绿色友好、生活环境舒适宜居的绿色城市。

案例撰写：丁 杰、焦 琥 / **材料提供：**焦 琥

低碳生态城能源供应实践：
泰州中国医药城区域能源系统

项目规模： 区域能源站 6 座，总装机容量约 158MW，服务建筑面积约 200 万 m²

建设时间： 2010—2014 年

建设单位： 江苏河海新能源有限公司、江苏华裕公共设施管理服务有限公司、华电泰州医药城新能源有限公司

设计单位： 中机十院国际工程有限公司、江苏省电力设计院

施工单位： 机电安装—江苏河海新能源有限公司；智能化系统—江苏松能环保科技有限公司

■ 案例创新点

泰州"中国医药城"依据区域能源规划，建成拥有小型化、精细化、高效化、网格化四大特点的 6 个区域能源系统项目，实现电力、天然气、可再生能源、发电余热等各种能源综合利用，结合蓄能技术，优化了建筑用能需求与供应关系，实现了系统整体能效最大化、温室气体等污染物减排最大化。此外，接入区域能源系统的园区建筑，无须在建筑内建设冷热源机房、安装冷热源设备；建筑需要支付的能耗费用比常规系统更低。同时，通过能源中心设备机房的集中规划、集中建设、集中运管，有效减少能源消耗、噪声污染以及热岛效应，满足市民对城市高品质环境的需求，取得了十分可观的经济效益、环境效益和社会效益。

■ 案例简介

· 低廉的能源供应价格

与常规中央空调系统相比，省去了锅炉、制冷机组、冷却塔等设备，可节省能源设备投资 1000 多万元。此外，用户每年仅需向能源服务公司支付 0.4 元 /kWh 冷 / 热量（低于同类型项目约 0.65 元 /kWh 的能源使用成本），既减少了建筑用能设备的初期投资，也节约

鸟瞰图

了日常的能源运行费用。通过绿色建筑组团共建共享以及精细化的运行管理，区域能源系统年空调费用成本支出仅为 30 元 /m²。

·显著的社会环境效益

供能方式由分散转向集约，大大削减了冬夏季高峰用电负荷，提高了能源使用效率，优化了能源结构。同时，机组设施集中设置，可充分利用地下空间资源，并规避常规空调系统给建筑带来的噪声、飘水、局部热岛效应等问题，有效改善城市的微气候环境。区域能源系统全年可实现节电约 2500 万 kWh，节约标煤约 8250t，减排二氧化碳约 21600t，社会效益和环境效益十分显著。

·创新的投资运营模式

由国有企业与民营企业成立专业的能源服务公司，将传统模式下分离的投资建设、运营管理主体进行整合，不仅负责优化项目的投资建设，而且承担相应的设备维护和后续的能效提升，与用户一道长期分享节能效益。自医药城区域能源系统建成投入使用以来，因其系统效率较常规空调系统高出约 40%，仅单个能源站便可节约年运行费用约 600 万元，且通过收取能源系统接入费和日常能源使用费，实现年收益约 250 万元，投资回收期约 5 年。

·专业的节能服务团队

区域能源系统建设时即已将管网纳入了地下综合管廊，为后期维护提供了方便。同时，由专业的节能服务团队来进行区域能源系统的运行和管理，维护管理方便、有效、省力。服务团队多次邀请省内外节能领域专家对能源系统的能效进行诊断分析，并对控制系统和管理平台进行了智慧化升级，不断提升系统运行能效。通过 2013 年、2014 年连续两年的实测分析，医药城区域能源系统综合能效（EER）分别达到分别为 3.63 和 3.55，主机能效（COP）长期保持在 5.0 以上，蓄冷过程冷量损失占系统总冷量的比例不到 10%，系统综合能效居国内同类项目前列。

医药城建筑外景

能源站内景

综合管廊

会展中心能源站

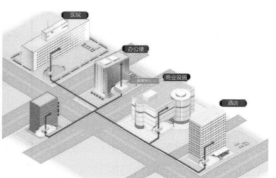
区域能源站集中系统示意图

■ 示范意义

泰州"中国医药城"区域能源系统高效利用了多种能源形式，并采用蓄能技术，通过创新投资建设模式，优化运营管理，实现合理用能、科学用能、综合用能、集成用能。自能源站投入运营以来，系统保持高效运行，综合能效居国内前列，产生了显著的经济效益、社会效益和环境效益，践行了绿色、低碳的发展理念，具有良好的示范效用。

案例撰写：蒋 选、张 伦 / **材料提供：**李世彦

城市地下空间综合开发利用：
无锡锡东新城商务区地下车行通道

项目规模： 用地面积 6.2 万 m²   **设计单位：** 上海市政工程设计研究总院（集团）
建设时间： 2010—2012 年   有限公司
建设单位： 无锡锡东新城建设发展有限公司   **施工单位：** 上海市第四建筑工程有限公司上海
                                                   市第一市政工程有限公司

■ 案例创新点

商务区地下车行通道通过综合开发利用，将高铁枢纽与城市主干道、核心楼宇地下车库联通，服务区域到发交通快速集散，减少了高铁集散交通对商务核心区内部道路的影响，提高了区域交通出行效率，缓解了商务核心区地面人车矛盾，大大改善了商务区商业环境品质。

■ 案例简介

·提升地下空间综合开发利用效率

商务区地下车行道工程全长约 3.1km，共布置 6 进 4 出共 10 处地面出入口，由"一环＋一弧"组成，其中"一环"为核心街区车行环路，主要联系商务核心楼宇地下车库；"一弧"为高铁枢纽连接通道，以服务高铁站到发车辆快速集散为主，同时联系周边地块的地下车库，是地下空间综合开发利用的典型案例。

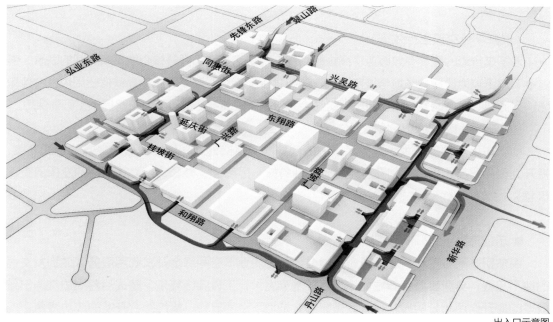

出入口示意图

地下环路出入口

地下车行道

地下车行道"一环＋一弧"位置图

管理中心视频监控平台

· 提升车行交通出行效率

地下车行道的建设有效服务了高铁站到发车辆快速集散和商务核心地下车库间的联系，通过地下道路较为快捷顺畅地与城市道路、高架直接衔接，同时兼顾服务高铁枢纽周边社会停车场、商务核心楼宇地下车库等的车行交通，为锡东新城商务区交通高效疏解提供了可靠保障。

· 提升商务核心区经济价值

地下车行道的建设大大减少了区域内部地面道路交通流，为地区形成良好的地面环境，提升地区品质与土地价值创造了条件，对商务核心区商业、办公、金融等功能的发挥具有积极意义。

■ 示范意义

锡东新城商务区地下车行通道是通过相邻地块地下空间综合开发利用服务区域到发交通的地下工程，具有较强创新性。该项目技术难度大，工程实施复杂，建成后对周边交通出行效率的提升作用十分明显，经济效益显著，是地下空间节约、集约综合开发的成功案例。

案例撰写：丁　杰、袁延朋　/　**材料提供：**袁延朋

绿色市政综合体：
苏州月亮湾集中供热供冷中心

项目规模：用地面积 1.7 万 m²　　　　建设单位：中心苏州工业园区热点能源服务有限公司
　　　　　建筑面积 2.2 万 m²　　　　设计单位：苏州工业园区设计研究院有限责任公司
建设时间：2009—2010 年　　　　　　施工单位：上海宝冶集团有限公司

■ 案例创新点

　　月亮湾集中供热供冷中心把公交首末站、社会停车场以及市政集中供冷供热站功能综合于一栋建筑内，高效解决了市政公用设施建设分类占地、重复建设的问题。按照"适用、经济、绿色、美观"方针设计建设市政综合体，打破了传统市政建筑单调刻板的形象，建设了一座具有地标特质的市政综合体。项目在夏热冬冷气候区探索应用区域热、电、冷三联供模式，装机容量、供应规模、管网长度均位居全国前列。

■ 案例简介

·"三位一体"的市政综合体

　　供热供冷中心把节约土地资源，提升空间利用效率作为指导思想，通过功能融合打造了新型城市综合体样板——市政综合体。作为市政集中供冷中心，项目减少了月亮湾核心区建筑空调设备装机容量的 20%~25%，节约机房面积约 10000m²，屋顶面积约 15000m²，帮助周边楼宇免除了安装大型空调设备的资金投入和设备机房带来的空间损耗。周边建筑的屋顶天台设计更多考虑了屋顶花园和康乐设施，有效美化了月亮湾核心区的"第五立面"。

建筑外观

· 规模领先的市政供热供冷中心

供热供冷中心充分利用东吴热电厂的余热蒸汽，配备大型非电式、溴化锂制冷机组循环供冷，总装机容量 3 万冷吨，建成时是江苏省第一例大型非电空调、区域供冷项目，装机容量位列全国第一。项目通过 12.1km 配套管网向月亮湾地区众多高楼大厦提供冷气，在实现区域热、电、冷三联供的同时，使得一次能源得到梯级综合利用。

· 节能生态的绿色市政建筑

供热供冷中心既是一座高效系统的载体，也是一座节能环保的绿色建筑。项目建筑体型规整而造型新颖，被工业园区居民亲切地称为"红立方"，红色挤塑聚苯板为主的外围护结构既塑造了建筑立面的整体性，也遮挡了屋顶的大型设备。项目获得绿色建筑二星级标识，在地下空间开发利用、场地年径流总量控制、围护结构热工性能、新风热回收、绿色节能照明、雨水收集利用、室内环境监测等方面采用了绿色技术措施，取得了良好的节约环保效果。

■ 示范意义

月亮湾集中供热供冷中心创新集成了三种市政功能于一体，为城市中心区的市政项目规划建设开拓了新的思路。以先进、高效、环保的设备设施，满足区域热、电、冷需求，对于研究建立夏热冬冷气地区的能源供应模式具有积极意义。中心运营稳定后，每年节省能源折合约 3390t 标煤，相当于减排二氧化碳约 8000t。经专家评测，采用这种"城市集中中央空调"后，月亮湾核心区的环境温度较常规情景降低 1~2℃，城市热岛效应得到缓解，城区整体环境品质得到提升。

断桥隔热铝型材及中空玻璃

挤塑聚苯板外墙局部

室内光导管采光效果

设备机房

案例撰写：李湘琳、黄自刚 / **材料提供**：徐敏姝

鸟瞰图

智慧运维节能:
徐州蓝湾商务广场污水源热泵能源站

项目规模:总装机容量 7498kW
服务建筑面积 6.6 万 m²
建设时间:2016—2017 年

建设单位:江苏金涛绿色能源科技股份有限公司
设计单位:江苏金涛绿色能源科技股份有限公司
施工单位:江苏金涛绿色能源科技股份有限公司

■ 案例创新点

徐州蓝湾商务广场污水源热泵能源站项目采用流道式污水换热器专利技术,成功解决了城市原生污水对设备和管路的堵塞腐蚀等问题,提高了系统换热性能,突破了污水源热泵能源站建设的区域限制。项目建立的智慧云平台具备智能感知、高效连接、快速处理、反馈控制等功能,实现了能源站数据的全链条实时监测、采集、分析、优化及控制,有效地提升了建筑群的节能效率和运营管理水平。

■ 案例简介

· 能效驱动的系统设计

徐州蓝湾商务广场污水源热泵能源站项目以能效驱动为设计理念和要求,针对目标建筑群冷热负荷集中、总体能耗偏大等特点,综合采用了污水源热泵、流道式污水换热器和智慧云平台等技术,设计出了经济适用、稳定可靠的绿色能源系统。经测试运行,系统夏季能效比达到 3.82、冬季能效比达到 3.36;与传统空调系统相比,系统能效比显著提升,能源节约率为 41%,节能效果良好。

· 突破传统的技术创新

项目采用的流道式污水换热器创新性地采用了宽通道技术,有效解决了原生污水易结垢堵塞的问题,相比于其他污水换热器换热效率提高了 50%。采用了该类换热器的污水源热泵系统，可通过换热器接纳原生污水，并间接获取污水热能，突破了传统污水源热泵需建立在污水处理厂附近的区域限制，可应用于各污水管网沿线区域，有效增加了污水源热泵服务范围，提高了城市可再生能源利用率。

· 智慧高效的运维管理

项目运维以科学管理、高效应用为宗旨，建立了具备智能感知、高效连接、快速处理、反馈控制等功能的智慧云平台。该平台通过智能传感技术可实现远程实时获取建筑室内温度、湿度、CO_2 等微环境参数以及能源站设备的水流温度、热量、能耗等实时运行数据；再利用大数据处理技术对采集参数进行智能分析，根据分析结果对能源站设备进行优化控制，自动调节设备运行参数及室内温湿度，从而实现了能源站无人化值守、供冷供热质量管理等一站式监测和智慧高效运维管理服务。智慧云平台提升了建筑室内环境品质，保障了能源站设备

效果图

云平台智慧展厅

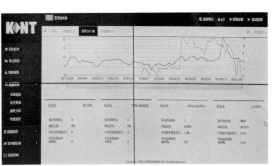

云平台界面

能源站地上建筑

污水源热泵技术

污水源热泵系统

污水换热器

的高效节能运行，较传统管理方式节能 20%~30%，实现了系统低碳运营、高效管理的目标。

■ 示范意义

徐州蓝湾商务广场能源站供能面积为 6.63 万 m^2，项目采用了流道式污水换热器和智慧云平台等创新技术，年节电量可达 220.96 万 kW·h，能源节约率约 41%，年节煤量可达 729.16t 标煤，节能减排效果显著。本项目为徐州市第一例原生污水源热泵技术示范项目，已成功获批"江苏省可再生能源示范项目"。本项目可有效推动污水源的整体利用，推进建筑能源结构改革，对于徐州市、江苏省乃至全国的城市建筑群可再生能源利用具有引领示范作用，并有利于形成区域产业、生态、资源融合发展新模式。

案例撰写：施 娟、赵 帆 / **材料提供：**白 敏

从 绿 色 建 筑 到 绿 色 城 市

From Green Building
to Green City

12

绿色共识

◎ 绿色行业盛会：江苏省绿色建筑发展大会

◎ 绿色展示教育基地：南京·江苏省绿色建筑和生态智慧城区展示中心

◎ 绿色建筑主题公园：常州武进·江苏省绿色建筑博览园

绿色行业盛会：
江苏省绿色建筑发展大会

会议规模： 千人规模会议　　　　**支持单位：** 江苏省住房和城乡建设厅
举办时间： 2008 年至今　　　　**主办/承办单位：** 江苏省住房和城乡建设厅科技发展中心等

■ **案例创新点**

　　自 2008 年起，江苏每年举办"江苏省绿色建筑发展大会"，开展绿色建筑、装配式建筑、绿色生态城区等方面的主题交流，举办不同议题的专题大会，向来自全省各级建设行政主管部门、行业协会、学会、设计院、科研院所等单位的相关人员传播绿色建筑理念和技术。至 2018 年，已成功举办十一届，从主题到形式规模、内容丰富度和社会影响力不断拓展，有效促进了绿色建筑的推广实践。同时，注重加强与美国、英国、法国、德国等发达国家的交流和合作，邀请国际同行赴会分享绿色建筑发展方面的先进经验，促进绿色建筑的高质量创新发展。

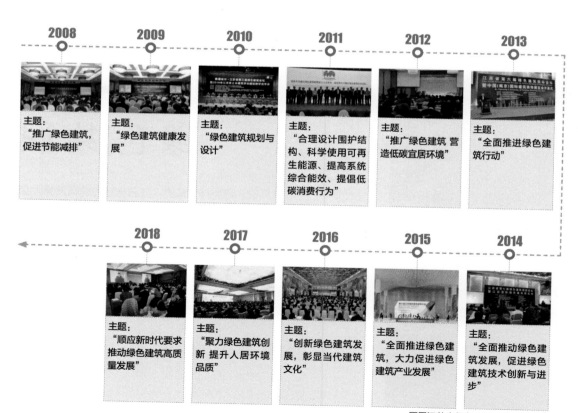

历届江苏省绿色建筑发展大会主题

绿建大会同期行业展览会现场

江苏省绿色建筑创新项目授牌

国际绿色建筑联盟成立仪式

分论坛现场

■ 案例简介

· 多方关注支持，吸引各类机构参与

大会自举办以来，得到住房城乡建设部、江苏省住房城乡建设厅以及全省各地政府及行业主管部门的积极关注与大力支持，为大会集聚了丰富的会议资源，确保了历届大会的水平与质量，在国内外收获了广泛的好评。

大会积极推动不同国家的交流沟通，多次邀请来自美国、加拿大、英国、法国、德国、日本等国家和地区的专家学者参加并发言，并于第十届江苏省绿色建筑发展大会期间组建成立"国际绿色建筑联盟"，共同推动绿色建筑高质量创新发展。大会重视绿色建筑工作顶层设计、政策机制、科研创新、项目实践、技术推广等各方面交流，邀请的发言嘉宾既有行业专家，也有来自主管部门、科研院所、项目建设方的代表，充分促进了政产学研各领域的信息共享。

· 主题丰富纷呈，推陈出新组织形式

历届大会顺应行业发展趋势，重点围绕绿色建筑工作设置不同主题。初期以推广绿色建筑技术为主，2013 年开始以全面推进绿色建筑发展为主。从第四届大会开始设分论坛，分论坛主题涉及绿色建筑、建筑节能、装配式建筑、绿色生态城区、智慧建筑与城市、海绵城市等，丰富拓宽了行业视野，加强了建设领域不同专业的交流互动。

大会不断进行组织形式创新。除了组织专家、学者、企业代表发言交流，发放行业技术报告作为会议资料，第六、七届大会期间同期举办了行业展览。2017年"第十届江苏省绿色建筑发展大会"在会议形式上有新的突破，不仅设学术报告大会、技术交流等传统形式，还增设专家对话等互动形式和成果发布、启动仪式等创新环节，以及网络互动、现场颁奖等一系列丰富同期活动，极大增强了会议的吸引力和关注度。

· 江苏品牌营造，树立绿色发展理念

定位于国际绿色建筑交流传播、信息共享平台，大会通过政府组织、行业参与的方式，将绿色建筑相关工作的理念、技术、实践与成效进行全方位的展示，受众不仅包括业内人士，也包括普通民众。自2008年启动以来，江苏绿色建筑发展大会已连续举办了11届，在全国开立先河，打造了绿色建筑宣传交流的江苏品牌。

■ 示范意义

江苏省绿色建筑发展大会举办11年来，设各类主题大会分大会50余场次，组织学术报告和发言近500项，举办行业相关同期活动近20项，参会人员来自亚、美、欧三大洲，参会逾万人次。实现了绿色建筑宣传交流工作由点到面地开展，助力了绿色建筑"浅绿—深绿—泛绿"的发展，拓展了江苏绿色建筑从行业到全社会的共识和影响。

案例撰写：李湘琳 / **材料提供：**赵 欣

绿色展示教育基地：
南京·江苏省绿色建筑和生态智慧城区展示中心

项目规模：用地面积 1.97 万 m²　　　**建设单位：**南京市河西新城区开发建设管委会
　　　　　建筑面积 5700m²　　　　　　**设计单位：**东南大学建筑设计研究院有限公司
　　　　　建筑高度 10.7m　　　　　　　**施工单位：**中博建设集团有限公司
建设时间：2012—2013 年

■ 案例创新点

　　江苏省绿色建筑和生态智慧城区展示中心由江苏省住房城乡建设厅与河西新城区开发建设指挥部共同筹建，是全国首个系统展示绿色生态理念、技术和生活方式的主题展馆，同时也是全国首个"住房城乡建设部绿色建筑和生态智慧城区展示教育基地"。展示中心为三星级绿色建筑场馆，综合展示了绿色生态发展理念、技术体系、产品应用和绿色生活方式等内容，并免费向社会开放。同时，展示中心注重参观者的互动体验，通过互联网技术同步搭建了虚拟展示平台，大力提升了绿色理念的普及宣传影响力。

■ 案例简介

·绿色生态主题

　　展示中心共分"序厅、生态城市、绿色建筑、智慧城市、美丽家园"五个展陈板块，系统介绍了江苏省级层面绿色建筑、绿色生态城区的推进思路、主要做法和总体成效，也展示了全省各地典型实践案例。同时，以河西新城绿色生态城区为例，从地下空间综合利用、可再生能源建筑一体化应用、绿色建筑规模化发展、区域能源系统应用、绿色交通等多角度，系统介绍和展示了绿色生态城区的生动实践和成效。

展馆鸟瞰图

·绿色生态场馆

展示中心立足于"建筑本身即为最好的展品"的目标，充分保留场地原始生态环境，采用拼装式钢结构体系，打造了可快速建造、快速拆除、重复利用的"工业化"绿色建筑。在展陈布局中减少分隔墙体使用，大量利用各种生态材料、节能灯具和智能系统，在展馆外应用海绵城市技术，建设生物滞留池，充分体现展馆主题。

·绿色技术集成

展示中心按照三星级绿色建筑标准设计建造，充分利用自然通风、自然采光等被动式技术降低建筑建设成本，通过雨水回用、太阳能光电等十多种绿色生态技术，降低建筑日常运营所需的能源、水资源等环境资源，同时提高室内环境舒适性，是绿色建筑技术集成的样板。

·社会影响广泛

展示中心面向全社会开放，多年来累计接待参观人数约 5 万人，其中机关人员、专业人士、社会团体及普通公众各占 1/3。参观者除了通过展板、模型了解绿色生态理念技术，也可亲自体验自行车、节能灯具、围护结构、智能家居等展品使用效果。同时，利用互联网技术，搭建网上展示平台，有效提升展馆普及宣传能力。

■ **示范意义**

十年多来，江苏省的绿色建筑工作一直处于全国领先地位，在各级地方政府的推动下绿色建筑已经实现全面普及。展示中心作为宣传推广的有力阵地，为人民群众树立绿色理念，体验绿色技术提供了重要平台，也成为省内其他地区建设绿色建筑展馆的样板。

雨水收集利用

工业化结构系统

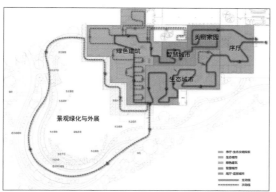

展陈流线

团队参观

放飞梦想儿童绿色生态画展

案例撰写：丁　杰、祝一波　/　**材料提供：**丁　杰、张梦馨

绿色建筑主题公园：
常州武进·江苏省绿色建筑博览园

项目规模：用地面积 0.14km²
创建时间：2015 年

绿色建筑发展：绿色建筑标识项目 12 个，总建筑面积 1.07 万 m²。其中二星级及以上绿色建筑占比 100%，总建筑面积 1.07 万 m²

■ 案例创新点

江苏省绿色建筑博览园是国内首个绿色建筑主题公园，也是国内第一个以绿建筑为主题且具有较高感知性、体验性、推广性的博览园。博览园利用在高压走廊下的闲置空间，围绕绿色生态建设的先进理念、技术和重点产品，在园区开展集成应用，通过绿色园区、海绵园区的建设，使废弃地重获生机。博览园园区建设运营机制灵活，政、产、学、研、用等多机构协同推进，建成了 5 个主题园区和 3 个绿色建筑组团。

■ 案例简介

· 绿色生态技术集聚示范的平台

多样化绿色建筑园区。园区形成乐活工坊、宜风雅筑、低碳国际三个绿色建筑组团，通过建筑工业化技术体系、被动式绿色技术和主动式技术结合，以标准化设计、仿古式设计、多种结构类型设计充分展现园区多样化的绿色建筑风格。

博览园鸟瞰图

垂直绿化

博览园入口

装配式建筑

低碳生态园区。在低碳建设方面，采用可再生能源微网系统、高效的围护结构系统、空调系统及照明系统等综合措施，实现更少的碳排放。园区全年可再生能源微网系统产生绿色电力约为 12 万 kW·h，占园区全年总用电量约 30%，比同类园区全年多减排 CO_2 约 169t（总能耗节约 35%）。在生态建设方面，应用了生态景观设计技术、立体绿化技术、场地自然通风和防噪技术，优先选用乡土植物，以达到改善环境品质、调节小气候、防风降尘、降低噪声、净化空气和水体的作用。

海绵园区。在海绵园区建设方面，采用雨水自然入渗、生态浅沟渗滤收集、生物滞留池渗滤收集等技术。园区年径流总量控制率达 70%，远高于同类园区不到 55% 的年径流总量控制率，控制总量达 650m³，比同类园区雨控量多 250m³。同时，园区对屋面和地面的雨水进行收集和净化，回用于绿化浇洒和场地冲洗，非传统水源利用率达 23%。

建筑工业化园区。园区依托 BIM 实现数字化设计与施工，所有绿色建筑均使用了工厂预制的部品部件，部分建筑的预制装配率达到 95% 以上，施工阶段主要以现场吊装、拼插、焊接等方式为主，大大缩短了造园时间，园区建筑整体预制装配率达 60%。

智慧管理园区。园区在运营管理中利用智能化技术措施监测、分析、整合园区各个关键环节的能源资源使用情况，使园区能够提供高效、便捷的服务和发展空间。园区融合了无线专网、信息化平台系统、移动 APP、智能监测传感系统等软硬件设备，不但能够展示园区内各项绿色生态技术，而且可以实时监测园区内各建筑室内外环境、能耗、水耗、可再生能源等系统，并形成数据库，进行数据查询、分析和处理，为园区的智慧运营提供数据支持和帮助。同时，提供了基于移动端使用的 APP，实现园区的智能导览。

·绿色园区互动交流的平台

博览园将教学实践和科普体验进行有机结合，是浙江大学、南京大学、东南大学、南京工业大学教学实践基地，也是江苏省科普教育基地。开园以来，累计接待了数百个观光团，吸引了数万名慕名而来的参观考察者，真正实现了绿色建筑大众化、普及化、可体验、可感知，受到了社会各界高度评价。

·绿色产业集成展示平台

博览园集成展示了众多绿色建筑企业的高新技术与绿色产品，涵盖 28 项工业化建筑构建、高性能建筑材料、多样化部品材料、智能化配套系统等单体产品，以及 15 项高科技建造技术、新理念设计技术。同时，为参观者呈现了完整的绿色建筑产业链，包括绿色建筑方案设计及咨询，绿色建材研发、生产、评价，绿色施工，绿色建筑运营管理等，构建了一个绿色建筑智造解决方案集中展陈与产销一体化平台。

忆徽堂（二星设计）

智能导览

好家香邸（二星设计）

智慧立方（二星设计）

零碳屋（二星设计）

未来空间（二星设计）

并蒂小舍（二星设计）

■ 示范意义

江苏省绿色建筑博览园建设以规划设计为引领，以技术研究为支撑，以工程示范为载体，以产业集聚为目标，坚持政府引导和市场主导相结合、绿色建筑和海绵城市相结合、绿色建筑示范引领和产业集聚相结合、绿色建筑技术和建筑文化艺术相结合、教学科研和体验实训相结合的原则，通过协同创新和集成应用的方式，开创了"绿色建筑＋绿色产业"集中展示的新模式。博览园现已成为远近闻名的绿色建筑示范推广基地、科普教育基地、体验实训基地和技术研究基地。

案例撰写：丁　杰、黄　吉 / **材料提供**：黄　吉

后记　Postscript

　　自 2008 年起,江苏设立了"省级建筑节能专项引导资金",针对绿色建筑、绿色生态城区、绿色建筑示范城市、可再生能源建筑一体化应用、既有建筑绿色节能改造、合同能源管理以及超低能耗被动式建筑等示范项目进行补助,支持和引导地方先行先试、创新实践。

　　十年来,专项引导资金的支持方向切合发展需要,突出引领性、先进性、创新性,并日益向更加综合、集成、品质、创新的方向发展。在十年之际,面对新时代、新矛盾、新目标、新部署以及人民群众对美好生活的向往,我们从讲好建筑节能专项引导资金十年蝶变的故事和实施的成效着手,系统总结全省绿色建筑与绿色生态城区的思路举措和优秀案例成果,汇集成了本书。

　　本书通过案例展示、图景实照、效益分析等方式,客观呈现江苏建筑节能专项引导资金设立以来,典型项目的示范思路、应用创新和推广价值等,以点带面地反映和回应发展需求和百姓关切。希望对城乡建设的决策者、管理者、实践者和研究人员有所参考,进而为推动城乡建设"高质量发展"交出满意答卷。

　　本书由于春拟定结构框架、遴选案例和撰写卷首语,于春、王登云、祝一波负责统稿,李湘琳、祝一波、丁杰、尹海培、赵帆等同志负责具体案例的编撰、校订、修改和完善。案例集在一年内顺利成稿并付梓出版,离不开多方单位和个人的支持与合力。江苏省住房城乡建设系统各市县主管部门、示范项目实施单位、相关高等院校和企业提供了丰富的案例基础素材,做了大量基础性工作,在此一并表示感谢。

　　限于篇幅,书中所呈现的 50 个案例,仅是江苏 830 余项示范中的有限样本,兼顾不同类型、特点和代表性,有限遴选和呈现;限于时间和能力,在优秀案例筛选、案例编写提炼等方面难免挂一漏万,敬请批评指正。我们将在吸收大家意见建议的基础上,对本案例集进一步修改完善。欢迎各地对入选案例的文字和图表做进一步的补充完善,同时也希望各地在实践中不断发展创新,提供更多更好的项目案例,期待江苏示范项目库日益丰富,期待江苏绿色建筑发展和绿色实践不断深入,助推城乡建设绿色发展迈上新的更高台阶。